地域建筑
绿色营建智慧与绿色评价
——以内蒙古地区为例

王　娟　王旭鸣◎著

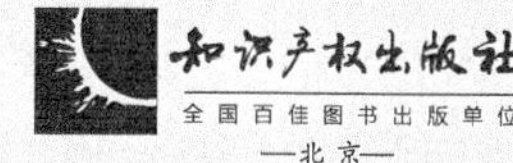

全国百佳图书出版单位
—北京—

图书在版编目（CIP）数据

地域建筑绿色营建智慧与绿色评价：以内蒙古地区为例/王娟，王旭鸣著.
—北京：知识产权出版社，2019.5

ISBN 978-7-5130-6405-7

Ⅰ.①地… Ⅱ.①王… ②王… Ⅲ.①生态建筑—建筑设计—研究—内蒙古
Ⅳ.①TU201.5

中国版本图书馆CIP数据核字（2019）第171397号

责任编辑： 张　冰　　　　**责任校对：** 潘凤越

封面设计： 博华创意·张冀　　　　**责任印制：** 刘译文

地域建筑绿色营建智慧与绿色评价——以内蒙古地区为例

王　娟　王旭鸣　著

出版发行：	知识产权出版社有限责任公司	**网　　址：**	http：//www.ipph.cn
社　　址：	北京市海淀区气象路50号院	**邮　　编：**	100081
责编电话：	010-82000860转8024	**责编邮箱：**	740666854@qq.com
发行电话：	010-82000860转8101/8024	**发行传真：**	010-82000893/82005070/82000270
印　　刷：	北京九州迅驰传媒文化有限公司	**经　　销：**	各大网上书店、新华书店及相关专业书店
开　　本：	720mm×1000mm　1/16	**印　　张：**	16
版　　次：	2019年5月第1版	**印　　次：**	2019年5月第1次印刷
字　　数：	220千字	**定　　价：**	89.00元

ISBN 978-7-5130-6405-7

前言

中国特色社会主义进入新时代，“拓展了发展中国家走向现代化的途径，给世界上那些既希望加快发展又希望保持自身独立性的国家和民族提供了全新选择，为解决人类问题贡献了中国智慧和中国方案”。生态文明建设是中国特色社会主义事业“五位一体”总体布局的重要组成部分，是党的十九大报告提出的新时代坚持和发展中国特色社会主义十四条基本方略之一，也是新时代中国智慧的重要体现。国务院发布的《关于加快推进生态文明建设的意见》中强调“大力推进绿色城镇化、加快美丽乡村建设、推进节能减排”，“绿色化”成为城乡建设贯穿始终的主线。

面对绿色城镇化的发展，各种绿色建筑技术的引进与开发，配套的《绿色建筑评价标准》的施行与重新修订，都推动着我国的绿色建筑快速从理论探讨走向实践推广。如何实现地区生态与经济的协同优化，成为绿色建筑在现阶段面临的一个紧迫问题。基于此，作者撰写了本书，力求通过对内蒙古地区传统建筑的适宜技术手段进行研究，探索地域建筑技术的基本规律和特点，结合当前绿色建筑设计与评价标准，总结具有民族地域特色的绿色营建智慧，提出内蒙古地区生态文明建设中城乡建设的绿色化理念与设计策略。

本书从绿色建筑的角度对内蒙古地区各类型建筑进行民族文化与地域建筑关系及绿色技术可持续发展的研究。研究建立在对内蒙古地区各类型建筑的大量考察和分析的基础上，以具体实例为研究对象，从历史、环境、结构、构造、空间等多方面多角度地对这一特定地域范围内的传统建筑营建技术进行较为系统的研究整理；同时，剖析建筑中的典型空间形态，总结出传统建筑形态与地域建筑技术之间的必然关系，对其具有普遍性的历史成因和传统价值进行挖掘分析；结合内蒙古地区新建建筑的实例，用前瞻性的眼光分析、评价这些公共建筑从设计、施工到建成后的运营管理，论证内蒙古地区建筑设计的绿色策略；评价了《绿色建筑评价标准》（GB/T 50378—2014）建筑部分是否适宜内蒙古地区的发展，并且从内蒙古地区建筑实例中分析总结出适宜的绿色建筑的设计策略与方法；针对当前绿色建筑评价体系存在的问题，以及该体系地方适用性研究的欠缺等，从研究《绿色建筑评价标准》（GB/T 50378—2014）公共建筑部分出发，探讨更合理、更有效、更能激励内蒙古地区绿色建筑推广的方式、方法以及设计策略，并且进一步建立适宜内蒙古地区绿色建筑评价体系的评价标准；最终，寻找地域现代建筑设计中结合地域绿色技术进行创作的方法和思考模式。

本书共分为七章。第一章介绍了传统地域建筑绿色营建智慧的传承价值和地域建筑的可持续发展观；第二章对绿色建筑发展的社会、经济、文化背景进行了具体阐述；第三章对内蒙古传统地域建筑的绿色技术策略进行了分析与总结；第四章对绿色建筑评价标准进行了地域性的解读；第五章论述了适宜内蒙古地区的绿色建筑指标体系；第六章提炼出基于《绿色建筑评价标准》的内蒙古地域建筑绿色设计策略；第七章对地域性实际项目的绿色建筑评价进行了分析。王娟撰写第一、三、四、五、六、七章，王旭鸣撰写第二、四、五、六、七章。

本书中所涉及的研究项目分别获得内蒙古自然科学基金，内蒙古草原聚落重构与可持续营建体系研究（2017MS0506）；内蒙古自治区应用技术研究与开发资金项目，内蒙古科技大学绿色建筑研究院士专家工作站；内蒙古科技大学创新团队项目，内蒙古草原人居环境研究的大力支持，在此表示感谢！

本书内容较全面，结构清晰，语言通俗易懂，既具有一定的科学性、学术性，也是一本可读性较强、案例丰富的普及性书籍，相信本书能够为地域建筑提供一定的理论研究基础。在本书撰写过程中，深感对各种绿色建筑技术与各个地域建筑知识的匮乏，在此特别感谢诸多同行的帮助。

由于时间仓促，书中难免会有疏漏或不当之处，敬请广大专家学者和读者不吝指正，以便本书日后进行修订与完善。

作者

2018年11月

目　录

第一章

传统营建智慧的传承

第一节　传统地域建筑绿色营建智慧的研究背景与价值

一、全球化与地域性

建筑是人们根据当时当地所具有的自然、经济、技术条件所建造的，以满足人们的物质和精神需求。由于这些条件都是因时、因地、因情而异的，所以一个建筑理应既能反映它所建造的时代特征，又能反映它所处的地域特征。建筑因其所在地点与区域的特征而显示出的特殊属性即建筑的“地域性”。从历史发展的观点来看，地域建筑是一定范围内地方传统文化技术的沉淀；从某种意义上说，地域性建筑是生活在一定区域内的人们长期以来形成的传统建筑。建筑是地区的产物，各地区不同的建筑技术形态正是对地方特定自然因素和地方文脉的诠释与表达。

在科技和信息高度发达的今天，经济和科技的全球化使得地域文化的趋同日益扩大。全球一体化导致的地区消融与文化趋同，反映在建筑上体现为建筑的地域文化被全球文化所淹没，建筑的民族性被国际化所取代。

当前，中国正处于经济腾飞期，城镇化进程不断加快，新农村建设大规模展开，由于对外来经济、文化的巨大冲击尚未充分适应，很多地区不顾原有的城市结构和地区特点，在建设过程中盲目模仿和生搬硬套一些发达地区的做法，致使地区固有的文化特色没落，历史文脉断裂，地域建筑特色消失，城市面貌也出现千篇一律的现象。

地域性是建筑的基本属性之一。诺伯格·舒尔茨将地域性作为“任何真实的建筑学都必须具备的维度”。地域建筑人性化思考为我们提供了传承地域文化传统的价值标准，有助于抛开许多表象的符号、形式的堆砌，探索更为真实的地域表达。

建筑作为文化的一种载体，面临着如何保持地方特色、体现地域特征、发扬地域文化的问题。

二、技术的地域性回归

建筑是技术的诗性表达。建筑是通过技术手段构筑的人与自然的介质，建筑地域文化无法脱离技术而独立存在。正是由于两者之间密切的相关性，不同的地域建筑技术才赋予了建筑文化各自鲜明的地域特征。

建筑是物质的，技术是建筑中所有的物质构成和精神构成得以实现的基础，也是推动建筑发展的原动力之一。在构成建筑本质的艺术和技术两大要素中，从属于精神层面的艺术由于易受美学趋向和个人喜好的影响而不应作为研究地域建筑的立足点，唯一可以沿理性线索去把握的方法是技术思想，以及从传统地域技术中提升出来的技术体系。

总体来说，建筑技术的发展可分为两个部分，即传统技术和现代技术。二者在历史内涵、发展机制及对社会的作用等各方面都有着明显的不同。传统技术主要以实践为基础，带有较浓郁的经验色彩。传统技术产生于具体的社会需求，其存在具有实用的意义，技术与它所要解决的问题之间有着明显的因果关系。同时，传统技术受到地域条件的支持与限制，是与地域环境密切相关的实践技艺的综合体。与传统技术相比，现代技术则表现出了截然不同的一些特征，如现代技术日益依赖于高度社会化的工业化生产方式，现代技术的发展也越来越基于自身内在的可能性，而与社会基本需求系统产生的动机疏离。

技术作为人类文明的组成部分，必然会具备地域和文化上的属性。地域技术是在特定的地域气候和自然环境中经过长期的摸索和实践而逐渐形成的适应环境、融于自然的建筑营造方法。很多传统建筑都具有生态建筑的本质特点。地域技术是建立在人不断地与自然对话并且执着探索的基础上的，这种探索使原始的没有采用现代科学技术的建筑能够适应人们的使用要求，这种适应是动态的、积极的，既充分适应自然，同时又最大限度地利用自然。技术语言是文化的表达，是一定历史时期特定人群的意识形态的一种反映形式。现代建筑设计中的技术至上主义盲目推崇先进技术，实质上正在脱离建筑技术产生的原创土壤，破坏技术与文化、自然与社会经济之间的平衡。在相当长的一段时期，建筑成为最优化工艺技术支配的生产产品。现代建筑的前沿理论及实体被视为技术进步的象征随处移植，就像没有根的大树一样，使建筑本身所固有的根源性和场所感遭受了难以弥补的损害。

中国作为历史悠久的发展中国家，在文化全球化背景下，传统建筑文化不可避免地受到异域文化冲击而难以保持其固有特征与延续性；尤其是一些具有丰富旅游资源的地区，以旅游开发为发展方向的少数民族地区和广大农村欠发达地区，其人居环境问题日益突出，如何既能保存固有建筑文化的历史遗存，又能适应现代的生活方式是一项非常紧迫而又重要的任务。

当人类技术发展至今出现几近无穷可能的时候，我们尤其需要谨慎而冷静地选择，保持技术与文化、技术与自然环境、技术与经济环境之间的平衡，因地制宜地确立技术在建筑中的地位与作用，而这正是我们应该从传统的地域技术中汲取的最为宝贵的营养。

三、建筑技术研究对于建筑文化传承的价值

传统建筑是地域文化的重要组成部分。对传统建筑绿色技术的研究可以使我们对传统建筑中自然建筑材料的运用以及对建筑物受环境因素的影响有一个直

观的认识，同时，也可以学习古人在几千年的历史文化进程中积累的建筑经验来处理这些问题。在大力推动可持续发展的今天，我们不仅要努力学习外国的先进技术，同时，也应学习传统的简单实用的绿色技术设计手法，才能从本质上求得建筑的可持续发展。现代建筑与传统建筑中的一些技术设计手法从本质上讲不谋而合，如结合自然，强调地域特色；结合地势、节省资源等，与中国传统建筑的营建思想是完全一致的。把自然看作人化的自然，把人看作自然化的人，强调生活就是宇宙，宇宙就是生活，领略了大自然的妙处，也就领略了生命的意义。

地域建筑的基本实质是一种动态的适应，并以一种契合自然的手段来营造居所，这时，我们会自然而然地关注建筑的本原问题，这些本原问题说到底是关于空间结构和构造施工的。其实,我们可以借鉴传统建筑的视点，着眼于地方材料和地方技术的应用。传统建筑利用环境、处理环境的丰富手法，即它对场所和气候条件所做出的独特解答，是用特定材料按照合理方式进行建造的过程和结果。因此，尝试从建筑技术的地域性出发，借鉴传统建筑形态对自然环境的回应，通过分析地域技术所隐现的传统技术精神，寻找地区现代建筑设计中可参考的研究方法和运用模式。

从技术层面对传统建筑进行研究也可使我们认识到：传统建筑设计风格的形成受到其所在环境的气候、地理位置、技术条件、文化等各种因素的制约，这些因素的存在客观上又对建筑风格的发展起了推动作用，促使我们在进行建筑设计创作实践时对传统文脉的理解也上升到一个新的高度。

建筑绿色技术地域性的研究意义在于对建筑文化的发展和传承。建筑技术在建筑文化的形成过程中占据着特殊而重要的地位。正是因为这种重要的地位，历史上才会出现“现代建筑”文化的巨大影响和广泛传播。因此，我们不能只重视建筑表象的文化状态，更应该重视表象文化背后的技术支撑，尤其是对传统建筑文化的研究，不是认识简单的符号，而是梳理技术背景、经验及其衍生文化的过程。鉴于此，作者以建筑技术文化为研究对象，提出建筑技术与建筑文化“同生共进”的观点，分析建筑技术发展、传播影响下的建筑技术文化现象、特性以及生成规律。

（1）建筑技术依附于建筑文化而存在。建筑技术只有在构筑建筑的过程中才能实现自身的价值，并在结果上有所体现。因此，建筑技术依附于建筑文化而存在，建筑文化依靠建筑技术来支撑，二者密不可分。

（2）建筑技术是建筑文化发展的基石。技术的发展对于建筑文化的形态发展、审美取向等方面都存在很大的影响。就文化形态的形成来说，技术是文化的基础、实现的手段和方法，技术具有明确的目的性。对于建筑文化来说，建筑技术是其得以实现的基本前提，同时成为建筑形态文化生成的骨架和发展动力。

（3）建筑技术是建筑文化的支撑骨架。建筑的一切文化都需要落脚在建筑本体的空间形态上，而建筑的物质空间形态的存在基础就是技术骨架。建筑文化需要通过技术手段来完成。

建筑文化的各层次多始于技术的初始目的。建筑空间形态文化就是技术在解决自身的材料、结构之间的匹配关系之后“自然”生成的。例如，中国古代木构建筑优美、飘逸的大屋顶，那美丽曲线的存在依靠层层出挑的承重构件“斗拱”。而斗拱这一特殊构件，又是由传统榫卯技术所组织的集合体。它存在三方面的文化内涵：①从受力构件转化为装饰构件；②显示了封建社会的等级制度；③斗拱成为中国古代建筑比例的参考模数。

再如，哥特式高耸教堂建筑正是建筑骨架真实展现的结果，所有受力构件都成为建筑形态文化的一个组成部分，富于逻辑性；那些升腾欲飞的形态正是飞扶壁与尖拱券“合作”的产物；合理的结构关系成为建筑特色文化的象征。

建筑文化的发展依赖于技术的进步。建筑形态由简单向复杂发展，建筑高度由低向高发展，建筑空间由狭小向大跨度发展。即使用相同的建筑材料，依赖于结构技术的进步也可以塑造不一样的空间、不一样的跨度、不一样的高度。

（4）建筑技术是建筑文化发展的推动力。技术的进步是人类文明进步的表现，只有技术的发展才能推动建筑文化的发展，只有技术的进步才有可能为建筑的发展提供新的施展空间和可能。西方现代主义建筑的产生就是技术革命的结果，例如，19世纪中叶由于钢铁在建筑上的应用，产生了新的建筑语汇，展示了建筑空间与结构有更多可能性和更大发展潜力。此外，技术的创新给文化的多元化提供了可能，如高技派建筑、解构主义建筑等建筑文化现象的出现，不论其是非功过，单就对建筑文化的发展而论，仍然是增添了多元化的文化色彩。此外，技术还是文化传播的有力手段和途径，在许多异域之间的文化传播中，通过技术的接受与再发展来传播文化是常见的手段。不论是在东方国家之间，如日本对中国唐代建筑文化的移植，还是进入20世纪后东西方建筑文化的交流，技术都是建筑文化传播的重要手段和途径。

第二节　地域建筑生态观的可持续发展

一、传统的生态观与生态建筑学

（一）传统哲学文化

从哲学角度来讲，人是具有主观能动性的高级生物，这种主观能动性直接反映在人们的日常思维模式中。人的性格决定着人的行为习惯，哲学观念决定了人们的文明形式，自然观决定了人们对于自然的态度。

中国传统的自然观主要从中国传统的儒家、道家以及后来传入的佛教中发展出来，而这三种思想对自然都抱有一种敬畏和顺应的思想，特别强调“天人合一”的最高境界。这里，“天”是无所不包的自然，是客体；“人”是与天地共生的人，是主体。“天人合一”是主体融入客体，二者形成根本的统一。“人法地，地法天，天法道，道法自然”，是指天地人均有其内在机制，但最终均要服从运动不息的自然规律。中国古代哲学强调人与自然的有机联系。中国传统民居正是依据因地制宜、各抱地势、山水环绕、循环往复这样的哲学理念而建造的。

中国传统文化讲求人的一切活动要顺应自然的发展。以儒道释为代表的传统文化，尽管各家观点不同，但都主张和谐统一，有人称之为“和合文化”。儒家主张人与人及社会关系的和谐，道家讲求人与自然的统一，佛家提倡人内心世界的调适，这是中国传统文化的精华所在。它们已经渗透在中国古代居室、村落、陵墓、园林设计之中，都依赖于自然，依据气候和地势等自然条件来设计。再者，从人与自然的关系上看，传统民居顺应自然、融于自然。中国传统民居的建筑与室内设计从不“闭门造车”，始终把处理好内外空间的关系放在重要的地位。中国建筑有楼、台、亭、阁、廊、榭等类型，它们或处山顶，或位于水边，其目的就是与自然环境融合在一起，既能得自然环境之利，又能成为整个环境的一部分。传统的“四合院”对外是“封闭的”，对内则是“开敞的”。“庭院”与周围的厅、堂、廊、室等既“隔”又“通”，实际上是厅堂的延伸和扩大，不仅可供人们劳作、休闲，也为内部空间与大自然沟通创造了良好的条件。就如“借景”是中国造园的重要手法，其实质就是把内部空间与外部空间联系起来。还有中国建筑的门窗，不仅能够采光与通风，多数还有“借景”的功能。至于“景窗”“景洞”等，顾名思义，更具取景的作用。这都说明加强与自然的联系这种朴素的生态观念是深深渗入中国传统文化的血液中的。

（二）传统风水学说

中国传统风水学说对中国社会和周边国家的思想、文化都产生过重大影响。在中国传统风水学说的发展和形成过程中，掺入了大量的鬼神观念和吉凶祸福观念，附着有大量的迷信色彩，最终走入了思想的歧途。但是，最初人们是出于实用性的目的，即如何合理、科学地建造住宅、选择墓地，以避免某些自然灾害，如洪水侵袭等，才产生了风水观念。后来，在风水学说发展的历史中，人们对于周边环境与住宅和陵墓关系的认识不断深入，在建筑实践中积累了大量的宝贵经验。因此，传统的风水学说中也包含着许多中国古代“环境与人”的思想，体现着中国古代传统的建筑美学。

风水学说中“气”的概念涉及生态问题。“气”被认为是万物最基本的构成单位，“其细无内其外无大”。在历代哲人的理论观念中，“气”的内涵和外延不断被扩展而变得非常宽泛。用现代的观念来看，“气”似量子场中的“场”，将气场外延也可成为心理场。风水学说认为，天地间万物交互感应都是

“气”的作用。在居住环境中，自然建筑、人都会交互影响，对人的生命存在与精神活动和审美观念都会有不同的影响，因而产生不同的结果。违背了其中的道理，破坏了人生之气和自然之气的和谐，便会产生严重的后果。“气”是中国风水理论之精髓，“气乘风则散，界水则止，古人聚气使之不散；行之使之有止，故谓之风水”，风水以“气”为主。

这种朴素的生态哲理，强调整体功能原则和以人为中心的“天、地、人合一”，“先天而天弗违，后天而奉天时”，主张人们在自然变化未发生之前对自然加以引导和改造，在其变化之后应尽量与它相适应，从而做到天遂人愿，人不违天地，人与大自然和谐共生。中国古代的生态哲理和现代生态学的观点不谋而合。中国民居在选址上按风水的基本原则和格局，是以负阴抱阳、背山面水为最佳选择，具有上述自然环境和相对封闭的空间，有利于形成良好的生态循环和小气候。背山可挡冬季北向寒风，面水迎来南向季风，朝阳具有良好的日照，缓坡避免淹涝之灾，能保持水土，并易在农副业的多种经营下形成良好的生态循环。

众多考古资料证明，重视人的居住环境，是中国本土文化中一项重要的内容。早在六七千年前，中华先民们对自身居住环境的选择与认识已达相当高的水平。仰韶文化时期，聚落的选址已有了很明显的“环境选择”倾向，其表现主要有以下几方面：

（1）靠近水源，不仅便于生活取水，而且有利于农业生产的发展。

（2）位于河流交汇处，交通便利。

（3）处于河流阶地上，不仅有肥沃的耕作土壤，而且能避免洪水侵袭。

（4）如在山坡上，一般处向阳坡。

（三）传统伦理道德观

中国传统伦理文化指的是以儒家伦理为观念架构，以宗法血缘关系为社会依托，给予中国人传统的道德价值观和行为的道德抉择以导向性作用的伦理体系。

中国古代生态伦理思想具有两个鲜明特点：

（1）带有浓厚的宗法关系色彩，存在家庭中心主义的倾向。

（2）生态道德与政治法律相结合，成为服务于剥削阶级政权和宗法等级制度的上层建筑。在民间逐渐把社会道德贯彻到自然界，并以通俗易懂的教育形式与严厉的惩罚来普及生态思想。这种教育形式主要表现在：①相信因果报应的社会心理；②不成文的族规民约；③约定俗成的风俗习惯；④传统风水学说的影响。

把具有生态学意义的传统伦理道德观念从封建伦理道德中剥离出来，不仅有利于继承和发扬中华民族优秀传统，同时，对研究现代建筑生态理论也是具有现实意义的。

（四）生态建筑学

建筑的本质是人类为了自身的生存和发展所做出的对外界环境的一种适应或改造。建筑的演变类似于生物的发展，也是从简单到复杂，从功能单一到功能齐全，从结构简单到结构复杂，从被动适应向主动适应发展变化的。地球生态环境是人类赖以生存和发展的根本，它是经过46亿年的漫长演化而形成的。建筑活动对地球生态环境产生了影响。

20世纪60年代，意大利建筑规划师保罗·索勒瑞（Paola Soleri）首次把生态学和建筑学相结合，将Ecology与Architecture两词合并为“Arcology”，从而开创了一门新兴的边缘学科——生态建筑学。1969年，著名的美国景观建筑师伊安·麦克哈格（Ian L. McHarg）的《设计结合自然》一书出版。1985年，清华大学建筑学院高亦兰先生首次介绍了“建筑生态学”。

20世纪60年代，生态建筑学主要关注的是当时的环境污染所带来的一系列问题。70年代，由于世界性石油危机和被动式太阳能建筑的研究，在建筑物的保温隔热方面做了大量工作。80年代，环境和生态保护非常醒目地成为生态建筑学讨论和关注的焦点。90年代，全方位解决环境生态问题的“可持续发展”理论成为全球共识。进入21世纪，人、社会、建筑、自然和谐共生与协同发展成为生态建筑学的目标。

生态建筑学对建筑生态系统进行研究的目的有两个：一是促进已有建筑的生态化，使其与人、社会、自然协调发展，完善建筑生态系统的结构和功能，从而最终实现人与自然的和谐发展；二是减少新建、扩建、改建建筑对原有生态系统的破坏，力图促使被破坏的自然生态系统得到恢复。在社区尺度，还要关注建筑之间的相互影响、相互作用以及建筑密度等；在城市尺度，主要关注各种建筑功能在一个较大地域内的布局及其组成结构、能量流动、物质循环以及信息传递、交通运输。

生态建筑学研究的具体目的包括：

（1）尽量提高建筑的可再生能源利用率，减少对不可再生能源的消耗，最大限度地实现能源自供。

（2）尽量提高建筑对能量的利用效率。

（3）尽量采用可回收和重复利用的材料。

（4）尽量减少垃圾和废气、废水的排放，并使其排放物尽快且安全地参与外部自然生态系统的物质循环。

（5）抑制或杜绝有毒有害物质在建筑的制造和运行过程中进入自然生态系统，避免这些物质危害各种生物，保护生物多样性等。

生态建筑学的研究内容大致包括以下六个方面：建筑生态系统结构方面的研究，建筑生态系统功能方面的研究，建筑生态系统的动态研究，建筑生态系统的性能研究，建筑生态设计、生态建设和生态管理的研究，建筑生态系统与外界环境间关系的研究。生态建筑仍然属于“建筑”的范畴，但把环境生态纳入考虑之中。

生态建筑的最终目的是更好地满足人类自身生存和持续发展的需要。生态建筑目标具体体现在：通过对建筑内外空间中的各种物质要素的合理设计与组织，使物质在其中得到顺畅循环，能量在其中得到高效利用；在更好地满足人的生态需要的同时，也满足其他生物的生存需要；在尽量减少环境破坏的同时，也体现建筑的地域特性。生态建筑致力于实现建筑整体生态功能的完善和优化，以实现建筑、人、自然和社会这个大系统的整体和谐与共同发展。要实现生态建筑，在思想观念上，必须尊重自然，必须关注建筑所在地域与时代的环境特征，必须将建筑与其周围环境作为一个整体的、有机的、具有结构和功能的生态系统看待，并从可持续发展的角度仔细研究建筑与周围环境各因素间的关系，以及整体生态系统的机能。

二、传统建筑的技术观

建筑是技术与艺术的完美结合，而非单纯建筑技术的客观化或物化，应是把人的情感方式、生活方式、人们的所思所想客观化，即用建筑的形式和技术将它们表现出来的艺术。技术是人类文明的一部分，技术价值含有两个方面的内容，一方面是技术的内在价值，指技术自身内在的、理想的某些价值积；另一方面是技术的外在价值，体现在自然、社会和人三个层面上。人类文化的历史曾经以古代技术的工具为标尺来划分，如新旧石器时代、青铜时代、铁器时代。

传统建筑的技术观无疑是传统建筑在哲学思想和审美观念上的体现。中国古代建筑技术的成就突出体现在施工及细部装修上，但更重要的是木构建筑的整体结构，其定型的、近乎装配和规范化的体系，以神奇般的符合力学原理的结构合成。

对我国传统民居的技术观的研究也正是为了在引入国外高新技术的同时加强对传统技术指导思想的探索与应用，根据我国具体国情加以发展，更好地为我国生态建筑设计研究服务，提供一种正确的技术观指导。

中国传统建筑体系是很注重实用性的技术体系，非常注重建筑结构的真实性表述，与此相应的是中国传统建筑很少刻意地附加装饰物。从椽、檩、梁、柱到基础的结构力学传承，关系非常清楚。不仅如此，有些看似装饰物的构件，也有其结构方面的原始需求。例如，像斗拱这样非常具有代表性的建筑构件虽在许多建筑中已相对弱化结构力学的功能，但仍是结构上不可或缺的。这种注重结构逻辑真实性的思想即使是在现代建筑中也是非常值得提倡的。此外，由于客观条件的限制，技术运用的选择性也是形成不同地域风格的重要诱因之一。传统建筑由于因地制宜、因材致用、结构合理，为我们提供了一系列的适宜技术。当然，建筑技术的地域性也是一个重要的方面，并没有放之四海皆适合的技术，每个地区的建筑技术发展都是根据当地的具体情况而定的。特别需要指出的是，若以今人的思维、习俗和观念去理解历史，总归流于主观，走入古人的思维，我们或许更可理解其意。

三、传统建筑的绿色生态观

生态观的含义包括自然生态观和人文生态观两部分内容。自然生态，即我们如何保持人和自然相互依附的关系：人文生态，包括人与人、人与自然、人与社会的关系，都需要保护和发扬。技术观，顾名思义，就是人们对如何运用和选择技术的看法与态度。自然观以及生态观对建筑技术观的影响可谓十分深远，直接或间接地决定了建筑的材料选择、能源利用、建造工艺等方面。绿色建筑技术的概念虽是近年才提出的，但建筑技术并非一门独立的学科，它是对我们现有建筑技术的重新审视和分类。由此看来，传统建筑技术中同样包含着绿色技术。

如果从人类的穴居开始谈起，那么中国的建筑和世界上其他地区的建筑都是一个源头，但我们都知道中国古代建筑在世界建筑发展史上始终保持着独特的木构体系，具有鲜明的民族特点。建筑材料的选择是建筑建造过程的开始，这一选择过程就是自然观的直接反映。人们从对自然的依赖中产生对自然规律的认识和联想，继而产生对自然的崇拜，加上在长久的实践过程中，人们发现了木材具有取材方便，适应性强，有较强的抗震撼性能，施工速度快，便于修缮、搬迁等优点。传统木构建筑是依据木材自身的性能特点形成的自然选择，这充分体现了建筑的原生态性。

在选择了建筑材料之后，就要考虑建筑形式和风格的问题，在同一建筑体系中，环境、气候、材料等就成了影响较大的因素，并由此形成了各具特色的地方建筑。例如，北方因气温低，民居的墙通常较厚，层高低利于保温，南面开大窗而北面一般不开窗。如果不管地域环境影响，统一用同一形式同一标准，那就必须用其他方式来补偿气候影响，势必直接或间接增加能源的消耗。因此，地域性的建筑风格也应是生态技术所涵盖的内容。

建筑使用的舒适程度是衡量建筑质量的一个标准，最基本的就是要“冬暖夏凉”。除了建筑本身，由于技术条件的限制，古人最先想到的就是如何利用太阳能，那就必须考虑朝向、采光、利用热效应通风等问题。我国民间的风水先生往往就是用罗盘来确定朝向的准确性，这种方法也是具有一定科学性的。再就是采光，我国传统民居横向发展形成院落的特点非常明显，建筑布局也十分重视采光间距，传统民居中常见的天井也是增强采光性能的重要途径。同时，人们还在传统民居中巧妙地利用烟囱效应以达到通风降温的目的。这些行为的出发点可能并非生态意图，但从客观上讲，这些技术的采用达到了生态目的，所以作者把它们纳入生态技术的范畴，从另一角度讲也可以说是生态技术在早期民居中被采用的重要证据。

现代社会多种技术并存，人们对技术的研究已不再局限于单个技术与多种技术本身，通过有机综合的技术应用，结合地区差异性，要求建筑师依据本地区情况，因地制宜，采取“多层次的技术结构”，综合利用“低技术、适宜性技术、高技术”等多种技术来进行建筑创作。因此，对生态建筑技术的研究不能缺少对传统建筑技术的研究，传统生态建筑技术与现代生态建筑技术共同构成了全面完整的当代生态建筑技术。

研究建筑的绿色技术，首先，不能将它们看成是落后的，即使是缺乏科学精神以至于今天无所作为的事物，也不能无视它们在科学精神建构方面的脆弱性；我们应当用真正的当代科学精神与理念去研究，分析乡土建筑建造技术，努力揭示它们背后的科学规律，并力争将其提升和转换为现代技术手段。其次，以人文的眼光、文化的视角、历史的脉络来看待中国传统建筑的绿色技术是研究视野的重要范畴，也是为了达到技术与人文之间的沟通，我们需要洞察技术的技艺层面，打破现代社会对技术的狭义和低级化的理解。技术史学家索埃特萨·耶内吉在总结工匠们的经验时就曾说道："没有一个机器能和人的手相比，机器能给出速度、动力、完全的统一性和精确性，但不能给出创造性、适应性、自由性和复杂性，这些机器做不到的恰恰是人的优越性的表现，没有一个理性主义者可以否认这一点。"

随着人们环境意识的增强，现在各大城市的住宅小区的环境质量越来越受到重视。许多以"绿色""生态""健康"为理念的小区被建造出来。而一些住宅开发商也打出了"生态住宅"或"绿色住宅"的幌子，以促销他们的楼盘。事实上，目前很难找到一座真正意义上的"生态住宅"。"生态住宅"针对的主要是技术层面，考察的主要是物理环境问题，而不仅是环境美学问题。其实，中国各地的传统民居就是原始意义的"生态住宅"。从江南水乡到大漠草原，从高原山地到平原盆地，各民族各地区居民都有自己特有的居住形式。人们在修建房子时已充分地考虑了当地自然环境、气候条件、地质地貌、建筑材料与技术以及人文习俗、生活习惯等因素。因此，从对内蒙古地区建筑的研究中，我们可以找到很多原始"生态住宅"的痕迹，这对今天的生态建筑技术研究具有很大的现实意义。

在几千年历史文化进程中，中华民族积累了丰富的传统建筑经验。中国传统建筑结合自然、气候，因地制宜，因势利导，就地取材，室内外空间的相互渗透，丰富的心理效应和超凡的审美意境等，是我们今天创造新的人居环境所必须重新开发、认识、继承和借鉴的宝库。

第三节 传统绿色营建智慧与现代绿色建筑技术的结合

我们需要用历史的眼光来发掘地域建筑的绿色技术特性，把它运用到新时期的绿色建筑设计中，使建筑设计能在历史传统基础上进一步向前发展，走出自己的设计道路，代替那些单调呆板的城市型建筑。同时，应把它作为改善人类生态环境的方向来对待，这会对未来社会的持续发展起到相当积极的作用。

人类社会发展至今，环境问题已经凸显成为影响人类生存发展的最基本的问题之一。世界各国的建筑行业几乎都是经济发展的重要支柱。然而，人类历史长河的发展史揭示了我们长期以来的发展模式都是高消耗、高产出、高污染，人类过度地追求物质享受，使现代建筑越来越远离自然，打破了人与自然的和谐共处，给地球带来了严重的生态破坏，因此，建筑的可持续发展在整个社会的可持续发展中占有重要的地位，绿色建筑的提出和实践正是建筑领域应对建筑可持续发展的集中对策。

绿色建筑越来越成为未来建筑领域的发展趋势，公共建筑的能源消耗量大，尤其是大型公共建筑能耗更大，因此公共建筑节能潜力巨大。在这样的背景下，绿色公共建筑的综合评价显得尤为重要，对绿色公共建筑的理论研究与实践有着积极的作用。2000～2011年公共建筑面积增加了1.4倍，年平均单位面积能耗从2001年的18.3kgce/m^2增加到2010年的22.1kgce/m^2，增加了1.2倍。公共建筑占我国城市建筑的比例不足24%，年耗电量却是居住建筑的10～25倍，可见公共建筑的节能潜力很大。我国大型公共建筑单位面积年耗电量为200～300（kW·h）/（m^2·年），已达到美国、日本、欧洲等发达国家水平。由此可见，绿色公共建筑的研究、规划、设计、施工和管理，不仅能大大降低公共建筑的能耗量，而且绿色公共建筑的发展能使更多人享受绿色公共建筑带来的自然、人文、历史的新体会，从而更好地推动绿色公共建筑的发展。

首先，公共建筑量大面广，占建筑能耗比例高。据统计，我国新建公共建筑面积每年达3亿平方米，若每平方米建筑面积能够节能约50%，公共建筑每年每平方米可节约30kg煤炭资源，每年能节约900万吨煤。目前，我国公共建筑总面积为6亿平方米左右，如也按节能50%的标准改造，煤炭资源的节能潜力达到1.35亿吨，这一数据对于资源贫乏的我国来说价值非凡。

其次，我国公共建筑忽视其内在使用功能、忽视地域性及历史文化、忽视与自然环境的协调发展，片面追求外形的新奇，在建造与施工过程中浪费资源，建筑建成后的运营管理不善也给建筑带来巨大的能源浪费，甚至存在安全隐患。这样的现象显然与可持续发展及绿色公共建筑的可持续发展理念背道而驰。

绿色公共建筑的实践，不仅要在定性的指标上进行评价，更重要的是要以实际数据分析以及量化指标与评估体系为基础，关注公共建筑设计存在的主要问题，着重量化指标体系，以《绿色建筑评价标准》（GB/T 50378—2014）为模板，并参考2019年即将颁布实施的《绿色建筑评价标准》（GB/T 50378—2019），通过运用绿色建筑的相关理论和方法，从适应本地区的生态环境、历史文脉、经济发展以及人们的生活舒适度考虑，建立一套符合内蒙古地区的绿色公共建筑评价体系，并提出适宜的评价方法、设计策略在内蒙古地区推广。

绿色建筑的精髓是因地制宜，绿色建筑的评估工作也具有明显的地域性，统一的国家标准很难与各地特定的地域条件完全兼容，因而国家标准只能提供一个考虑了地区多样性的普遍性框架，而性能指标是这一框架的核心。目前，我国的《绿色建筑评价标准》（GB/T 50378—2019）明确指出："绿色建筑评价应遵循因地制宜原则，结合建筑所在地域的气候、环境、资源、经济和文化等特点，对建筑全寿命期内的安全耐久、健康舒适、生活便利、资源节约、环境宜居等性能进行综合评价”的原则。因此，建立适宜内蒙古地区的绿色公共建筑评价体系，对该地区绿色建筑的发展有着重要的意义。

本研究的目的就是在对《绿色建筑评价标准》进行分析的基础上，针对建筑全生命周期能源消耗的问题，建立适宜内蒙古地区的绿色公共建筑综合评价体系，并根据所提出的评价体系来验证该地区的一些公共建筑的优缺点以及提出一些适宜的设计策略。

科学地建立绿色公共建筑评价标准，尤其是量化标准的制定与实施，远比罗列原则与描述特征重要得多。在内蒙古地区建立绿色公共建筑评价体系对控制资源浪费，减少环境污染有着重要的意义。

本研究的实际意义归结为以下几方面：

（1）为内蒙古地区实践、评定绿色公共建筑以及绿色公共建筑的发展途径提供参考。

（2）为政府的建筑管理工作提供衡量绿色公共建筑的尺度，这样能够严格地管理建筑市场，从而杜绝非绿色公共建筑在市场中出现，规范建筑市场。

（3）为建筑市场提供客观可信的导向，使消费者了解建筑的可持续发展品质，有利于提高全社会环境生态环保意识，促进内蒙古地区建筑市场的健康发展。

（4）为建筑设计师提供一本简明扼要的设计手册，使设计师在设计阶段根据公共建筑的特点和实际，选择合适的设计方法和策略。

（5）对内蒙古地区的五个典型公共建筑进行评价，并提出适宜内蒙古地区的绿色建筑设计策略与方法。

第二章

现代绿色建筑的发展

第一节　绿色建筑的基本理论

一、绿色建筑的起源与历史

绿色建筑思潮最早起源于20世纪七八十年代世界范围的能源危机。能源危机使人们逐渐意识到，以牺牲生态环境来换经济的高速发展实是难以为继，因建筑产业的耗能较多，必须走可持续发展之路。1972年，由几十位世界知名科学家、教育家及经济学家所组成的罗马俱乐部发表了《增长的极限》，对人类传统发展模式提出了疑问与批判，并探索了人类发展的生态走向。同年，联合国发表的《人类环境宣言》提出，人类要从根本观念上改变从前把环境问题孤立化、局部化的观点。两份文献引起社会各界的认真反省与思考，新型节能环保建筑的开发、研究以及节能体系的逐渐完善，已经在发达国家广为应用。1987年，联合国发表的《我们共同的未来》提出了“可持续发展”的理念。1992年，联合国环境与发展大会里约峰会发布了《21世纪议程》，首次提出“绿色建筑”的概念，进一步完善“可持续发展”的理念，并在世界范围内达成共识。1993年，第十八届国际建筑师协会会议发表《芝加哥宣言》，号召全世界建筑师高举发展绿色建筑的旗帜（见表2-1）。1997年，联合国气候变化框架公约第3次缔约方大会通过的《京都议定书》目标是“将大气中的温室气体含量稳定在一个适当的水平，进而防止剧烈的气候改变对人类造成伤害”。

绿色建筑由此渐成为兼顾保护自然环境与人类居住舒适健康的研究体系，并在许多国家进行实践推广，逐渐成为当今世界建筑发展的重要方向。经过40多年的发展，绿色建筑逐渐从一种理念变成一种实践，在专家、学者的指导下采用新技术、新材料、新工艺，实现了建筑的优化设计并在全球范围内逐步完善，指导未来建筑界的发展方向。由于地域、观念和技术等方面的差异，目前国内外尚未对绿色建筑的准确定义达成普遍共识，但是，都认同绿色建筑应具备三个基本主题：①减少对地球资源与环境负荷的影响；②创造健康和舒适的生活环境；③与周围自然环境、地域文化相融合。

表2-1　世界绿色建筑发展历程

年份	主体	著作名称及重要事件	内容
1962	蕾切尔·卡逊	《寂静的春天》	可持续发展思想的启蒙著作
1962	保罗·索勒瑞	“生态建筑学”理念	首次提出
1972	罗马俱乐部	《增长的极限》	人类发展的生态走向
1972	联合国人类环境会议	《人类环境宣言》	从观念上改变以往把环境问题孤立化、局部化的观点
1974	舒马赫	《小是美好的》	反对使用高能耗的技术，提倡利用可再生能源的适宜技术
1987	联合国	《我们共同的未来》	首次提出了“可持续发展”的理念
1992	联合国环境与发展大会里约峰会	《里约环境与发展宣言》 《21世纪议程》 《森林问题声明》 《气候变化框架公约》 《生物多样性公约》	第一次明确提出了“绿色建筑”的概念
1993	第十八届国际建筑师协会会议	《芝加哥宣言》	号召全世界的建筑师高举发展绿色建筑的旗帜
1993	斯图加特生态建筑展览会	提出绿色建筑的各种设想和模型	绿色建筑、生态建筑和可持续建筑等的研究与实践达到了高潮

续表

年份	主体	著作名称及重要事件	内容
1997	日本东京	《京都议定书》	使温室气体减排成为发达国家的法律义务
2002	约翰内斯堡可持续首脑会议	《执行计划》《政治宣言》	商讨拯救地球、保护环境、消除贫困、促进繁荣的世界可持续发展计划

二、绿色建筑的概念

关于绿色建筑，国外的大卫与露西·帕卡德基金会曾经给出过一个直白的定义："任何一座建筑，如果其对周围环境所产生的负面影响要小于传统的建筑，那么它就可以被称为绿色建筑"[①]。这一概念昭示我们传统的"现代建筑"对于人类所生存的环境已经造成过多的负担。目前，国际上比较认可的定义是：绿色建筑是指为人类提供一个健康、舒适的活动空间，同时最高效率地利用资源，最低限度地影响环境的建筑物。而我国《绿色建筑评价标准》（GB/T 50378—2019）中，对绿色建筑的定义是："在全寿命期内，节约资源、保护环境、减少污染，为人们提供健康、适用、高效的使用空间，最大限度地实现人与自然和谐共生的高质量建筑。"绿色建筑追求人与环境的协调发展，最低限度地占有和消耗地球的不可再生资源，最少产生并排放有害的废弃物，与自然和谐共处，满足人类包括功能、生理、心理及舒适度的需求，与此同时，绿色建筑还要包含包括经济效益、管理手段在内的人文及社会因素。

① The David and Lucile Packard Foundation,Building for Sustainability Report,October 2002.http：//www.bnim.com/new site/pdfs/2002-Report.pdf.

三、绿色公共建筑的概念

（一）绿色公共建筑的含义

公共建筑是包括办公建筑、商业建筑、旅游建筑、通信建筑、邮电建筑、科教文卫建筑、广播建筑以及交通运输建筑在内的民用建筑的总称。绿色公共建筑的要求不仅满足人们对它的功能以及室内环境品质的需求，并且要努力做到对环境的影响最小。

（二）“绿色”的含义

“绿色”是有标准的。标准的制定要具备几个条件：首先，任何优秀的绿色公共建筑必须是一个优秀的公共建筑设计；其次，标准的制定应该包括全生命周期的评价，从我国项目实施的过程来看，绿色公共建筑要兼顾建筑的全生命周期，包括规划、设计、施工和运营管理以及回收利用几个阶段；再次，绿色公共建筑标准要与自然环境相结合，才能做到建筑与环境的融合。

四、绿色公共建筑在全生命周期的设计方法

绿色公共建筑在全生命周期的不同阶段要采用不同的设计方法，并与实际情况相结合，以求实现资源的优化利用。在规划阶段，建筑要与室外环境相融合，充分优化以合理利用场地周围的有利资源，尽量减少公共建筑对周围环境的不利影响；在设计阶段，要充分考虑建筑设计的细节，包括功能、空间、造型等，合理选用可再生能源及可循环利用的材料；在施工阶段，建造的过程中减少废弃物的排放以及资源的浪费（如水资源），尽量少使用对人体有害的建筑材料，改善室内环境与舒适度；在运营管理阶段，降低污染物的产生，减小能耗损失，提高运行效率，延长建筑寿命。

第二节　绿色建筑发展历程

一、国外绿色建筑发展概况

20世纪60年代，国际上出现了“绿色建筑”的新理念；70年代，这个理念在全球得到推广；90年代“绿色建筑”在技术和理念上有了越来越多的实践，也渐趋于成熟。目前，欧美发达国家的绿色建筑，从设计理念、评价体系、技术支持以及市场的推广等方面来看都处于世界先进水平[①]。

英国是世界上环境问题爆发最早的国家之一，工业化产生了严重的环境问题，得到社会各界人士的关注，并亟须采用积极有效的措施改善现有环境，进而美化环境。“建筑研究所环境评估法”（BREEAM体系）就是在这种背景下应运而生的。而英国Garston的建筑研究组织办公大楼就是个很好的绿色公共建筑的例证（见图2-1），它的通风措施很值得我们借鉴。

美国的绿色建筑技术水平也走到了世界先列，绿色建筑发展速度快，设计理念深入人心，这与政府的大力支持是分不开的。2004年，美国联邦总务管理局就宣布，所有改扩建以及新建建筑都必须达到美国LEED绿色建筑设计标准的最低标准。国外发达国家的绿色建筑理念早已深入人心，绿色建筑设计实践趋于普遍，得克萨斯州的拉雷多蓝图示范学院蒸发冷却塔（见图2-2）的被动式设计大大降低了建筑夏季空调能耗，并提高了室内舒适度。

荷兰的建筑师们把可持续绿色建筑理念和绿色设计工艺融入建筑设计当中，并于1997年颁布了荷兰本国的Green-Cale + 的绿色建筑评价标准软件。该软件涵盖了材料、能源、水和交通四个模块。位于荷兰阿姆斯特丹都市别墅的采暖与降温措施体现了该建筑是一

---

① http：//www.best-villa.com.cn/2010/0412/28706_2.html.

建筑研究办公大楼、Garston.美国，Feitdcn-Clegg公司设计

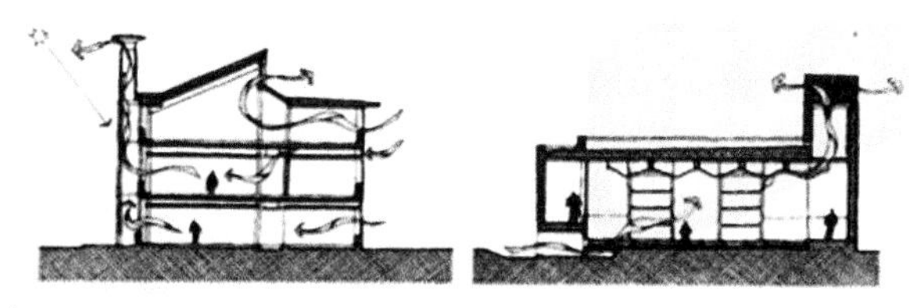

建筑研究办公大楼、典型剖面　建筑研究办公大楼、会议室剖面

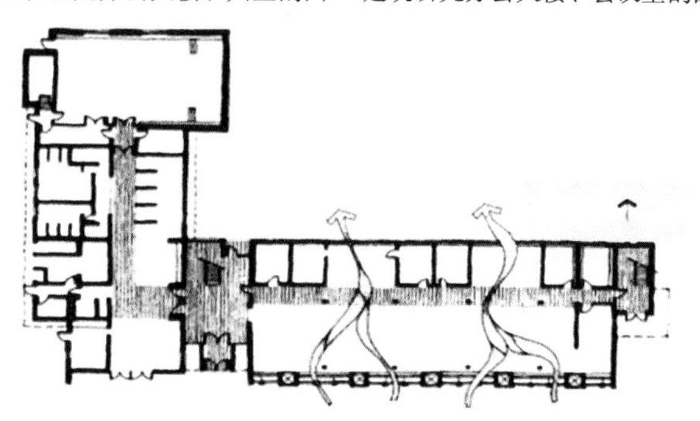

图2-1　英国建筑研究组织办公大楼通风设计

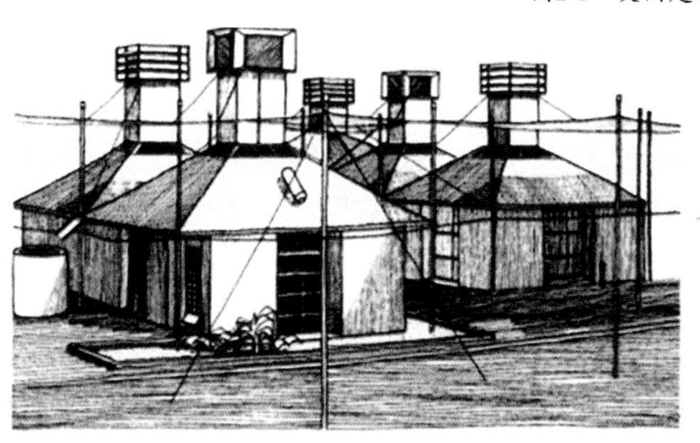

拉雷多蓝图示范学校、拉雷多、得克萨斯州，普林尼·菲斯克设计

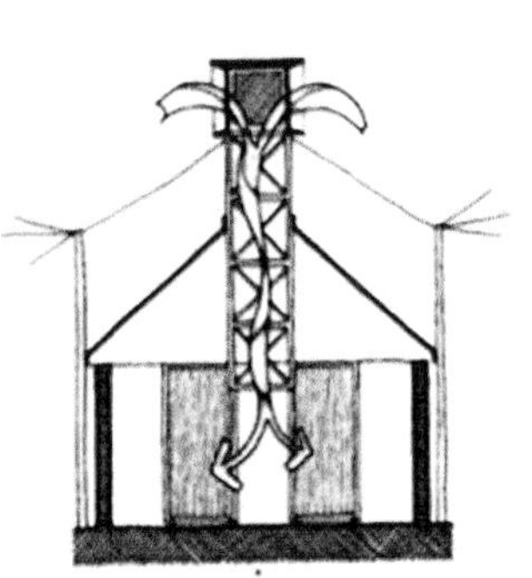

拉雷多蓝图示范学校
高发冷却塔剖面

图2-2　美国绿色建筑实例

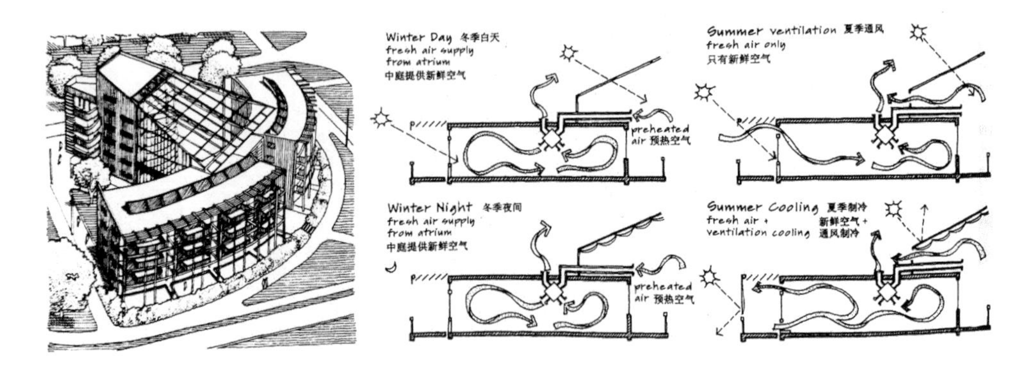

图2-3　荷兰阿姆斯特丹都市别墅

个标准的绿色建筑（见图2-3）。

二、亚洲绿色建筑发展状况

亚洲的绿色建筑发展虽然落后于欧美，但却是发展最快的区域，亚洲从事绿色建筑的企业将从26%增加到73%，销售和利润也将增加56%左右，与此同时，以太阳能、地热能、风能为主的清洁能源的使用比例也将大幅度提高。

印度的建筑师积极探索适宜印度地区炎热气候的绿色建筑设计策略。查尔斯·柯里亚作为印度本土的建筑师，致力于设计适宜印度本土的建筑，例如“露天空间”“大炮”式的通风采光口不仅适宜当地气候，还兼顾印度传统村落居民的生活习惯。印度绿色建筑发展以来，有约30个建筑项目获得了“环境和能源设计大奖”，其中就有查尔斯·柯里亚设计的干城章嘉公寓（见图2-4）。

马来西亚绿色建筑则致力于向平民化发展，并将其向全社会推广。杨经文1994年设计的位于马来西亚槟城的MBF塔楼（见图2-5），采用了“松散”的平面布置，又在楼层上设计多处开口，以达到对一层四户进行通风的目的。

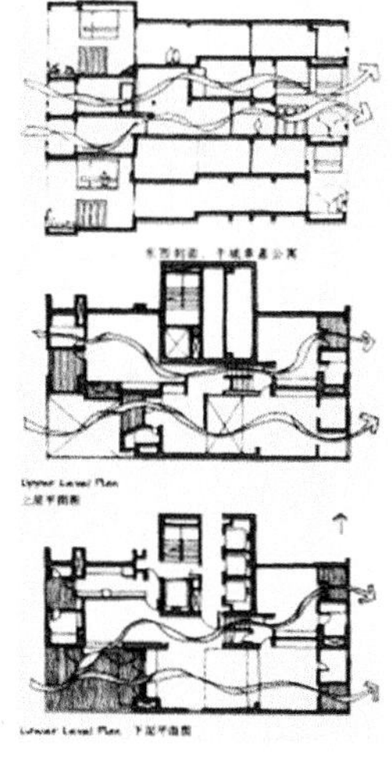

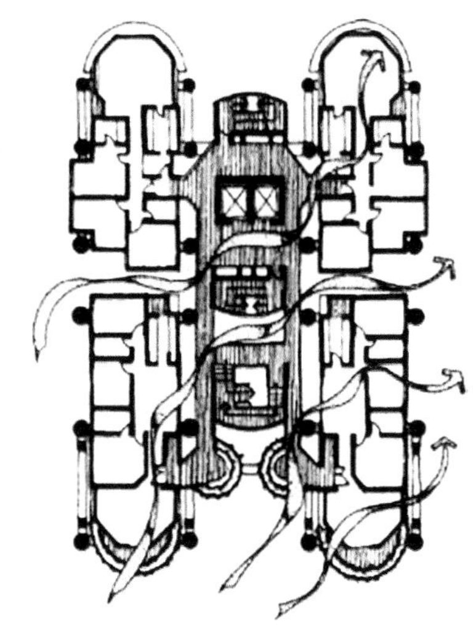

图2-4　印度孟买干城章嘉公寓，查尔斯·科里亚设计

图2-5　马来西亚槟城MBF塔楼，杨经文设计

三、我国绿色建筑发展历程

（一）我国绿色建筑发展道路

我国是能源消耗大国，全国单位面积能耗是发达国家的2～3倍，然而我国自然资源总量和人均资源量严重匮乏。我国绿色建筑的研究起步较晚，从20世纪80年代初开始，由于生土建筑取材方便、施工工艺简单且造价低廉，故北方地区兴起了生土建筑的研究和实践，并在农村地区得到了很好的发展，可以说生土建筑是绿色建筑的最初模式；到80年代后期，生土建筑已经不适用于城市高速建设的发展，建筑设计进入了节能建筑的发展时期；90年代开始，我国的绿色建筑随着我国城镇化高速发展同步发展起来。我国政府在政策与资金上大力支持绿色建筑的发展，如原建设部设立绿色建筑创新奖，鼓励开发商大力开发绿色建筑；财政部设立专项基金，鼓励可再生能源在建筑中的应用；住房和城乡建设部出台了绿色

建筑管理办法，对高能耗的政府办公楼和大型公共建筑进行节能改造。上述政策充分反映了我国政府对发展绿色建筑的大力扶持。在这样的大背景下，我们更应该努力做好绿色建筑的研究、设计、宣传和推广工作。

（二）我国绿色建筑的发展对策

我国政府从现阶段国情出发，不仅对新建建筑进行节能设计，要求城镇公共建筑达到节能50%的设计标准，同时对既有居住与公共建筑进行节能改造，力求大城市、中等城市、小城市分别完成改造面积25%、15%、10%的要求。此外，我国出台了一系列适合我国国情的发展策略，由清华大学等9家科研院所推出的《绿色奥运建筑评估体系》是我国首个绿色建筑评价体系；2006年发布的《绿色建筑评价标准》以节水、节能、节地、节材与室内环境及运营管理为基本内容，从建筑全生命周期来综合评价绿色建筑；2019年8月1日开始实施的《绿色建筑评价标准》（GB/T 50378—2019）重构了绿色建筑评价指标体系；调整了绿色建筑的评价阶段；拓展了绿色建筑内涵；提高了绿色建筑性能要求。可以说，这些标准的推出标志着我国政府坚定地注重以人为本、坚持走可持续发展的道路，发展适宜我国的绿色建筑。

3. 内蒙古自治区发展绿色建筑的必要性与迫切性

内蒙古地区正处在城镇化高速发展期，建筑业年均增长幅度保持在20%左右，给资源环境带来了沉重负担。但是随着可持续发展理念的不断深化，国家相关强制性节能、环保法律法规的持续推行，以及人们健康、舒适、环保择居理念的逐渐深入，社会对“绿色建筑”的呼声越来越强烈。在没有地区标准的情况下，开发商用伪绿色来装点自己的楼盘，以提升市场竞争力，给市场输入了形态各异的错误导向。与此同时，国家在绿色建筑标识推广中明确规定：凡是试点城市，在全市范围内对所有的建筑强制进行评价。因此，拥有一套符合本区实际、易于推广实行的绿色建筑评价标准已经成为内蒙古地区建筑行业的急切需求，以求更好地为政府的建筑管理工作提供依据；为建筑设计及竞赛的评标过程提供客观的量化标准；为建筑市场提供客观可信的导向；使消费者了解建筑的可持续发展品质，弥补市场信息不对称的缺陷；进一步发挥市场的作用，促进开发商的绿色投资和建筑师的绿色设计。最终，为地域性绿色建筑的发展及社会的可持续发展提供必要的保障。

第三节　国内外绿色建筑案例介绍

案例1：汉诺威26号展厅

建筑师：托马斯·赫尔佐格

设计与建造日期：1995～1996年

地点：德国汉诺威

主要特征：长200m，宽116m，布置成三跨；贸易展览会组织DMAG设计；体现世博会“人-自然-技术”的主题。

整个建筑外观独具艺术性，是建筑结构和对环境中可持续发展的能量形式进行优化开发的完美体现（见图2-6）。设计的目的之一是开发一种大尺度建筑几何造型，使其最大限度地利用自然光，不仅能够节约大量能源，还能满足使用者生理和心理舒适的基本要求。由于该建筑使用自然光，也容易引入过多的热量，因此，利用北向光的策略协调来解决采光和遮阳问题。

自然通风是在满足建筑换气量的同时，并不增加额外能耗而使建筑降温，从而提高室内舒适度。相对于现今大量使用的机械通风和制冷来说，自然通风具有方便、清洁的优点，但是也具有低效的缺陷。一方面要最大限度地利用和组织自然通风；另一方面也要把机械通风作为必要的补充，进而满足室内舒适度的要求。汉诺威26号展厅项目采用的是大厅型空间的通风，新风从距离地面4.7m高处吹进，冷空气缓慢下降后逐渐升温，再从高起的屋顶排出。气流缓慢下降后又上升的过程可以最大限度地回收室内上升空气的余热，既减小了对工作区使用者的影响，也使大空间内气流尽量均匀。

图2-6　汉诺威26号展厅

案例2：苏州博物馆

建筑师：贝聿铭

建成日期：2006年10月

地点：江苏省苏州市

图2-7　苏州博物馆

图2-8　苏州博物馆细部

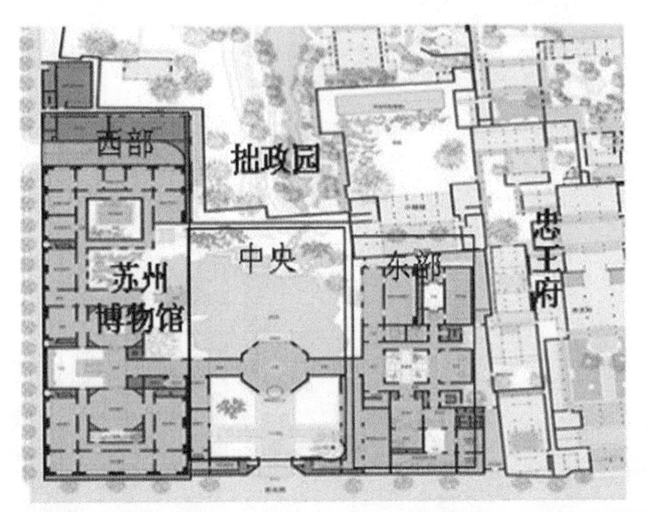

图2-9　苏州博物馆平面、剖面

主要特征：新馆建筑面积19000m^2，造型与所处环境自然融合，空间处理独具匠心，建筑材料考究，内部构思精巧，最大限度地把自然光引入室内。

博物馆立面采用自由式空间构图，从整体到局部逐步形成，合理运用了点、线、面的结合，并将古典与现代巧妙融合，开出六边形与正方形共存的窗子，显得更加灵活，使建筑充满活力（见图2-7～图2-9）。此外，建筑整体对称平衡，符合人们的审美观。建筑中光与空间的关系就如同贝聿铭曾提到过的："我认为光，特别是自然光，是建筑中最基本的元素。没有光照，就谈不上空间；没有光线，就不存在形体。因此我们可以毫不夸张地说：光是建筑之要素。"

绿色建筑区别于单纯的生态建筑和节能建筑，具有综合人居环境、资源节约和环境保护三大主题的一体化概念内涵，引领未来建筑朝可持续发展的方向发展。在设计中，要全面系统地考虑各个方面的因素，遵照"因地制宜"的原则进行设计，同时，强调对舒适度、健康标准和文化心理等人文精神的体现。贝聿铭设计的苏州博物馆，不仅在对中国古代文化内涵的发掘与发挥上有重大突破，更与现代流行的绿色建筑融为一体，它必将成为当代建筑领域最伟大的创造。

案例3：上海生态建筑示范楼

（一）总体结构

上海生态建筑示范楼是上海市科委重大科研攻关项目"生态建筑关键技术研究及系统集成"的成果之一，由上海市建筑科学研究院总体负责，上海建筑相关领域12个交叉学科团队协同攻关。示范楼位于上海市闵行区申富路上海建科院莘庄科技发展园区内，2003年11月动工，于2004年9月建成，建筑面积1900m^2。

建筑平面基本上呈长方形，紧凑完整，外形南低北高呈坡形，南面两层、北面三层，由北向南倾斜的中庭从一楼直达三楼，形成共享空间（见图2-10和图2-11）。中庭屋顶是巨大的透明玻璃天窗，开启角度随意。一楼东半部350m²的大厅用于生态建筑集成技术展示，并成为生态建筑关键技术和产品研发的实验平台。二、三层为办公空间，划分为大开间开敞式办公区域与小开间办公室，屋顶设架空层放置大型技术设备。

根据示范楼建筑各种工况，通过能耗指标和节能效果能耗模拟分析，将多种低能耗建筑围护结构合理节能设计方案进行比较，确定了适合示范楼的超低能耗节能技术系统：多种复合墙体保温体系+双玻中空LOW-E窗+多种遮阳技术。

图2-10　上海生态建筑示范楼

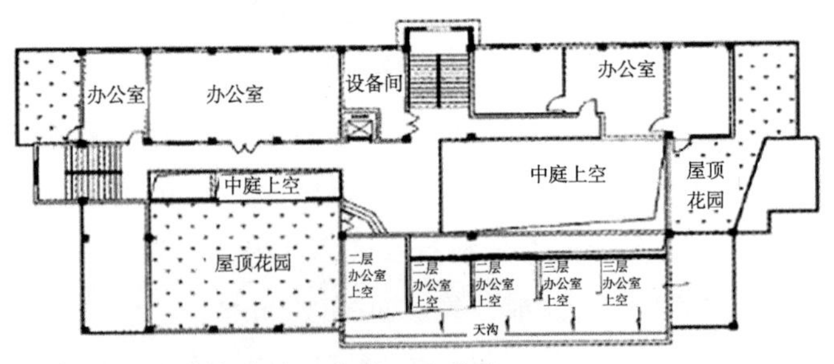

图2-11　上海生态建筑示范楼三层平面

（1）外墙。东面复合外墙构造体系中采用混凝土空心砌块或伊通砂加气砌块作主墙体，90混凝土空心小砌块为外挂墙，中间填充发泡尿素、聚氨酯等高效保温层，构成一种隔热保温性能优异的新型复合外墙构造体系。该体系不使用黏土制品，能消除热桥和墙体裂缝及渗水，保护内结构层，延长建筑物使用寿命，隔热保温性能优良，提高建筑热稳定性和改善建筑热舒适性。

（2）屋面。示范楼绿化平屋面采用倒置式保温体系，保温层采用耐植物根系腐蚀的XPS板和泡沫玻璃板置于防水层之上，再利用屋面绿化技术形成一种冬季保温、夏季隔热又可增加绿化面积的复合型屋面。

（3）门窗。由于保温隔热性能差，我国窗户能耗为发达国家的2～3倍。示范楼的外门窗采用断热铝合金双玻中空LOW-E窗，其中天窗采用三玻安全LOW-E玻璃，其表层玻璃具有自清洁功能，南向局部外窗采用充氩气中空LOW-E玻璃和阳光控制膜，提高外窗的保温隔热性能。通过以上对外墙、屋面和门窗的节能研究与综合措施的应用，仅围护结构的节能措施就可将能耗降低47.8%。

（4）遮阳技术。

1）天窗软遮阳。根据节能与采光的要求，外部采用可控制软遮阳技术达到有效节省空调能耗的作用。

2）立面百叶遮阳。南立面根据当地的日照规律采用可调节的水平铝合金百叶外遮阳技术，通过调节百叶的角度，既能够阻挡多余光线的照射，达到节能效果，也能使光线进入室内深处，提高舒适性。西立面主要考虑到西晒对室内的影响，采用可调节垂直铝合金百叶遮阳技术。

3）斜屋顶架空层。在夏季，其对屋顶的热缓冲作用是十分明显的。通过架设太阳能板可以充分利用太阳的辐射能量并遮蔽直射阳光外，架空层的空气流动也能迅速带走热量，降低屋顶表面的温度。

在夏季，建筑中部的绿化中庭借助上部可移动的百叶遮阳板来遮蔽直射阳光，使其成为一个巨大的凉棚；在冬季，它是一个全封闭的暖房，可以有效地改善办公室热环境并节省供暖的能耗；在过渡季节，它是一个开敞空间，形成良好的空气流通，改善办公小气候。

示范楼在平屋顶屋面上设计了多处屋顶花园，在建筑南面设置了一个约400m^{2}的景观水池。通过屋顶花园、垂直绿化，室内绿化和室外绿化等多种生态绿化植物群落配置技术，加上南面的景观水池，形成了生物气候缓冲带，从而具备改善室内气温、净化空气、降低噪声、保护屋顶、延长建筑物寿命、减缓风速及调节风向等作用，有效地改善了建筑微环境。

（二）绿色空调与智能调控

示范楼采用热泵驱动的热、湿负荷独立控制新型空调系统以避免现行空调系统普遍存在的霉菌问题、高能耗问题和臭氧层破坏问题：通过避免使用有凝结水的盘管，解决目前空调系统中存在的霉菌滋生问题，同时，通过除湿机内盐溶液的喷洒除去空气中的尘埃、细菌、霉菌及其他有害物；由于该空调系统同时利用了热泵的冷、热量，并且排风采用全热回收等技术，可以使空调能耗降低20%左右；而且机组可以采用全新风运行，提高室内空气品质；系统通过使用绿色环保制冷工艺（溴化锂溶液等），减少氟利昂制冷剂的使用，以减少对大气臭氧层的破坏。

室内环境综合智能调控系统以数据采集、通信、计算、控制等信息技术为手段，运用成套先进的智能集成控制系统，包括室内环境综合调控系统及软件，照明及空调节能监控系统，安全保障及办公设备控制系统的集成平台和应用软件等，实现大型遮阳百叶的转动控制，空调等设备的节能监控，照明采光监控，室内空气质量、温湿度、个性化通风、噪声等室内环境的动态调节。

（三）对能源与资源的利用

1. 对太阳能的利用

对可再生资源的利用是示范楼的研究重点之一，示范楼斜屋面放置太阳能真空管集热器（150m^2）和多晶硅太阳能光电板（5m^2），实现太阳能光热综合利用与建筑一体化。太阳能真空管集热器为太阳能吸附式空调和地板采暖（300m^2）提供热源，夏季利用太阳能吸附式空调与建科院设计的溶液除湿空调耦合，分别负担一层生态建筑展示厅的显热冷负荷以及潜热冷负荷；冬季利用太阳能地板采暖系统负担一层生态建筑展示厅以及二层大厅办公室的热负荷。在过渡季节，利用太阳能热水加热排风道内设置的加热器，强化自然通风。

2. 自然通风与自然采光

示范楼的建筑外形是通过室外气流组织的模拟计算及外形的风洞实验，对不同风向和风压下建筑各部分的自然通风效果进行分析得出的。分析过程中，通过对室内气流组织在不同风压、热压状态下的模拟计算和优化，计算各房间自然通风风量，然后比较、优化和确定自然通风的技术方案，合理组织自然通风的风道，优化自然通风口的建筑设计，实现舒适的室内风环境，并减少夏季空调运行时间、节约空调能耗。同时，利用面积达15m^{2}的屋顶排风道代替排风烟囱，保证良好的自然通风效果，并且在排风道内设置7组加热器。在过渡季节，利用太阳能热水加热排风道内的空气，产生热压，提供自然通风所必需的动力。

采用自然采光模拟技术优化中庭天窗、外墙门窗等采光及遮阳设计，冬季北面间可透射太阳光，夏季通过有效遮阳避免太阳直射。白天，室内纯自然采光区域面积达到80%、临界照度100lx，在营造舒适视觉工作环境的同时降低照明能耗30%。

3. 中水回用与绿色建材

示范楼污水源为生态示范楼全部建筑污水、幕墙检测中心实验用冲淋水及雨水。雨污水ICAST回用处理系统的处理水量为20m^3/d，该系统主要装置包括调节池、ICAST反应池、二沉池、中间池、过滤柱及消毒池，回用系统由管道、水泵及喷嘴等组成。建筑雨污水经调节池处理后进入ICAST池生化处理，过滤消毒后的出水可用于生态建筑楼顶平台浇灌绿化、景观水池用水、清洁道路等。示范楼建筑主体为钢筋混凝土结构，工程材料中“3R材料”［指低消耗（Reduce）、再利用（Reuse）、再循环（Recycle）材料］使用率达80%，装饰装修全部采用环保低毒产品及防霉、抗菌、吸声等环保功能材料。

案例4：清华大学建筑设计研究院办公楼

清华大学建筑设计研究院办公楼从1997年开始进行策划，按照设计意图可归纳成缓冲层策略、利用自然能源策略、健康无害策略和整体设计策略。

针对绿色化目标，设计小组在建筑设计和设备上采用了多层次的设计策略，在遮阳、防晒、隔热、通风、节电、节水、利用太阳能、楼宇自动化、绿化引入室内等方面采取了大量具体措施。

（一）总体设计介绍

设计楼建筑平面基本呈长方形，设计紧凑、完整，减少了冬季建筑的热损失。长轴为东西方向，楼、电梯间与门庭、会议室等非主要工作室，布置在建筑的东西两侧，缓解了东西日照对主要工作区域的影响。工作空间划分为大开间开敞式设计工作室区域与小开间办公室，可以根据不同功能需要加以安排，使工作室的布置具有一定的灵活性。建筑南向是一个三层高的绿化中庭，不仅能为员工提供一个生机勃勃的良好景观与休息活动空间，而且可以有效地缓解外部环境对办公空间的影响。

（二）缓冲层策略——热缓冲中庭（边庭）

建筑存在的根本目的之一，就是能有效地抵御及缓解外部气候的影响，以使其提供的内部工作或居住环境更适合于使用者。这种体系对外界环境不利影响的缓解被称为缓冲作用。

在设计院办公楼的设计中，在南向设计了一个体积较大的绿化中庭。在冬季，中庭是一个全封闭的大暖房。在“温室作用”下成为大开间办公环境的热缓冲层，有效地改善了办公室热环境并节省供暖的能耗。在过渡季节，它是一个开敞空间，室内和室外保持良好的空气流通，有效地改善了工作室的小气候。在夏季，中庭南窗的百叶遮阳板系统能有效地遮蔽直射阳光，使中庭成为了一个巨大的凉棚，在尽可能不影响空气流动的情况下，成为一个过渡空间，对工作空间起到良好的缓冲作用。中庭南侧为全玻璃外墙，上部开设了天窗，并希望利用中庭顶部的反射装饰板，尽可能保证开敞办公室的天然光利用。

（三）利用自然能源策略

大自然为人类提供了丰富的“免费”能源——阳光、水、土地、风，等等。因此，在办公楼的设计过程中，在可能的经济、技术条件下，探索和尝试尽可能多地利用自然能源。

（1）太阳能利用：经过反复论证研究，采用更为超前的方案——太阳能光电板发电技术。

（2）地源热利用：在办公楼的设计过程中，确定了利用深井水作为天然冷、热源的空调方案。这种方案的优点在于能节省相当的能耗；热泵系统已有定型的、容易获得的产品；深井水回灌在国内也已有应用，因此技术上与经济上比较合理可行。然而令人遗憾的是由于深井水的抽水来源是深度为80 m左右的地下水，而这一标高正好是目前清华校内饮用水的水层标高，出于防止回灌污染和安全的考虑，最终放弃了这一方案。但有理由相信，在合适的条件下，利用地下水作为天然冷热源是减少不可再生能源消耗和减少污染的有效方法。

（四）健康无害化策略

（1）自然通风：在以往的办公建筑设计中，往往采用全封闭的依赖空调系统的外围护体系。在办公楼的设计过程中，充分研究与调整了利用自然风对办公室进行换气的做法，以及办公室的自然通风状况。办公楼的各层办公室在过渡季节完全可以依靠自然通风维持室内的舒适条件

（2）引入绿化：在办公楼的设计中，绿化引入室内成为一个重要特色。南侧中庭的绿化平台不但为工作者提供了充满生机的、令人愉快的视觉效果以及一个休憩与交流的场所， 同时绿色植物的存在本身亦成为一个健康的自然调节器。可以预见，绿色中庭的草坪、树木等植被在促进室内空气清洁新鲜、改善空气湿度条件、降低室内温度等方面都将起到有效的作用。

（五）整体节能策略

绿色照明采取分级设计、分区集控、场景设置、节能灯具等方面达到绿色照明的目标。楼宇控制系统采用了消防泵自动巡检，配电柜容量可现场调节、联合等电位处理，照明与空调系统的可调节，红外线保安监控系统，以及公共照明采用总线控制。

案例5：呼和浩特市“汇豪天下”绿色住区

（一）居住区绿色设计的意义

居住是人类最基本的需求之一，人居环境绿色

设计作为现代城市设计的重要组成部分，伴随着城市设计理论的不断创新而发展。城市居民的生活需求随着社会的进步和时代的变迁，已逐步从基本的物质、能量和空间需求上升到更丰富的精神、信息、文化需求，从追求多样性的人工环境上升到追求与大自然的贴近和交流。而现今的城市发展模式产生了严重的城市环境问题，降低了城市生活环境的舒适度。城市住宅区人居环境系统中的主导性绿色因子可归纳为：绿色空间系统、水资源系统、废弃物处理系统、能源系统、建筑空间环境系统、道路交通系统、住宅区环境服务与管理系统。

住宅区人居环境绿色设计的目的就是要通过调整人居环境生态系统内的绿色因子和生态关系，建成具有自然生态和人文生态、自然环境和人工环境、物质文明和精神文明高度统一，可持续发展的理想人居环境的城市住宅区。

马来西亚建筑师杨经文提到："生态设计是通过设计获得的一种整体全面的考虑，它包括在一个被设计系统生命周期的全过程中，对系统中能源和材料的审慎使用，以及通过设计减少这些使用对自然环境的影响或与环境融为一体。"

（二）呼和浩特市"汇豪天下"住宅小区

"汇豪天下"住宅小区项目的投资商是内蒙古西子房地产有限责任公司。小区规划、建筑设计单位是中国建筑科学技术研究院，内蒙古圣方建筑工程设计事务所，同济大学林同炎、李国豪设计事务所。

小区规划设计总占地面积21万平方米，总建筑面积约27万平方米（其中，住宅20万平方米，商铺5.7万平方米，会所综合楼0.83万平方米，公建0.5万平方米），容积率为1.25，项目密度25.7，绿化率为36%，可容纳住户2700余户。地上停车位103个，地下停车位

353个。小区现在共有25栋住宅楼，13栋多层板式住宅，一梯两户。12栋小高层，其中11栋是点式住宅。

1. 绿色设计

“汇豪天下”住宅小区规划目标是建成新型现代化生态文明住宅区，使之形成安全、健康、舒适、高质量、高效益的生活住宅区。为此，在住宅区人居环境设计过程中按照生态学原理，通过绿色设计方法促进人居环境质量的提高以及人与自然的和谐、人工设施与自然环境的和谐，将自然因素融入住宅区环境中，在经济性的基础上整体考虑构建人、社会与自然完整和谐的系统，创造多样性的居住空间环境，包括住宅区环境中的物种多样性、功能多样性和居民活动空间的多样性，为今后的绿色住宅区人居环境设计提供示范作用。

（1）选址。选址历来是人们营建居所时首先考虑的内容，我国古代的风水学说就涉及不少关于选址的理论，建设绿色住宅区亦必须考虑选址的问题。在选址时，首先必须考虑基地周边的环境质量。发达国家在进行住宅区选址时，常常会做环境影响评估，即考虑周边环境可能对地块造成的影响，以及分析本地块开发之后可能对周围环境造成的影响。

1）保障居住者的健康和防灾要求，选择位于上风向、周边空气质量较好、噪声污染较少、抗洪防涝能力较强的地块。

2）在选址时，应考虑尽量使居住者能利用公共交通系统。国外学者已经把能否利用公共交通系统作为衡量绿色住宅区的一项重要指标。因为在国外，一旦居民无法利用公共交通系统出行，必将迫使他们依赖私人汽车，从而造成大量的能源消耗和环境污染。从我国大部分城市的实际情况来看，一些家庭还没有私人汽车，因此，在选址时更应充分考虑利用公共交通系统的问题。

“汇豪天下”住宅小区位于呼和浩特市玉泉区的南侧，呼和浩特市商业中心中山西路的西端，小西街与西河沿街的交会处，距中山西路600m。小区周边有多条公共交通线路。

3）在选址时还应考虑居住者工作、生活的便利性。“汇豪天下”住宅小区具有完善的生活机能，周边配有医疗机构、商业设施、银行、教育机构等。

4）选址还要注意保护用地及其周围的人文环境。“汇豪天下”住宅小区周边90%都为平房，居住人口密度比较大，其所在区域有大召寺、小召寺、席力图召、观音寺、五塔寺以及具有百年历史的古玩街。小区西侧是市政府重点改造工程扎达盖河，以及绿化面积达6000多平方米的滨河公园。在人文景观方面，小区建设重视历史文化保护区的空间和环境保护，将建筑密度、建筑高度都控制在规定范围内。

（2）住宅区的规划布局。住宅区的规划布局涉及很多方面的要求，对于绿色住宅区而言，除了遵循一般的规划布局原则之外，还应该注意以下两方面问题。

1）密度问题。北美等发达国家居住社区的容积率和建筑密度普遍较低，这样不利于节约土地资源、不利于可持续发展，现在已经提出了增加密度的观点。而我国的情况恰好相反，我国某些大都市一些地块的建筑密度已经高到了令人难以想象的程度。因此，我国目前需要遵守规划对密度的控制要求，在可能的情况下，可以适当降低居住社区的密度，以有利于创造舒适和愉快的居住环境。

“汇豪天下”住宅小区在整体规划中，为了使居住变得更舒适、惬意，以低密度来稀释居民因工作压力而产生的紧张心情。

2）土地的综合利用问题。土地是最宝贵的自然资源，且不考虑其在开发中所占的成本，就是考虑容积率的问题，在方案制定过程中也要充分考虑如何最大化利用土地资源，同时又能给居民一个适宜的休闲空间。

（3）景观设计。景观设计从平面的、单一的发展到立体的、人性化的、可循环生态化的，是当前的潮流，将景观引入每户住宅，让全社区尽可能公平地享受景观是房地产开发的目标之一，而优良的景观给予开发商的回报亦是丰厚的，大力发展景观设计，是房地产行业创造双赢的重要手段之一。

“汇豪天下”住宅小区的生态设计中，景观设计居于举足轻重的位置，强调以人为本、与自然和谐统一的原则，给予人性重视和关怀，是景观设计的出发点。小区进行园林艺术化、规范化、环境人文设计，以中心景观带为轴线，分东西南北四个入口，一条绿色长廊带贯穿东西。

呼和浩特市年降水量仅有300～500mm，属于极度缺水地区。呼和浩特市有两条市内河流，即东河、西河。原来被污染的河道，现在都已经成功治理了。“仁者乐山，智者乐水”，“汇豪天下”住宅小区依西河而立，择水而居，提出了“水岸住宅”的理念。西河经过治理，现在是条微风吹起碧水荡漾的新西河。在修建河堤扩宽河道的时候，市政府出巨资在河内建造了呼和浩特市最大的音乐喷泉，这为小区的居民提供了良好的景观环境。在小区内还规划设计了独立的喷泉池和流水池及1万平方米的水系景观。居民在家中就可以欣赏风景如画的美景。

小区绿地系统的布局力求系统化、集约化，立体构建生态绿地系统，强调整体布局，充分利用地块的自然地势，联系住宅区中的居住系统、服务系统、交通系统、支撑系统。以“绿”为框架，使道路绿化联系公共绿地、宅旁绿地，采用网络化、立体化等设计手法，形成一种“点、线、面”的绿化系统来组织住宅区的建筑排列方式。同时，在住宅区内科学配置植物种类，建立具备合理的时间结构、空间结构和营养结构的人工群落，使物种相互协调，充分利用阳光、空气、土地、养分、水分等构成一个具备复合层次、相宜色彩的和谐有序、稳定高效的生态群落。利用绿色植物调节小气候、调节生态平衡，为人们提供更高层次的文化、娱乐所需的绿色生态环境。

（4）建筑设计。衡量绿色住宅区的最重要的标志就是其能否节能和有效利用资源。在住宅区中，居民使用电来照明，使用热能来制冷或取暖，而这部分热能也是通过电能转换而来的。由此可见，电能消耗成为居民消耗能源的主要方式，因此在进行设计时，应该以减少居民使用电能为出发点，进行合理的建筑节能设计，其包括建筑总平面节能设计和建筑单体节能设计。

1）建筑总平面节能设计。建筑基地选择和总平面设计是节能建筑设计的重要组成部分和决定因素之一，是建筑推行节能目标的重要物质保证，基地的条件和特点将会影响建筑系统设计和建筑节能效果。

2）建筑单体节能设计。建筑单体节能设计是在合理组织、创造有利于节能的室外微观环境后的关键设计，涉及一些技术领域和热工学原理，其目的就是降低建筑对能量的需求，并注重人对环境舒适度的要求。在进行住宅区平面规划设计时，前期人员要从地块选择、各建筑物的相互关系、建筑朝向和间距、建筑的外部空间环境、建筑体形、夏季风向和太阳辐射等方面进行深入研究，通过相应的设计手法充分利用和改造地块的自然环境、利用对住宅区节能有利的地块因素并克服不利的条件，达到建筑节能目的，以创造有利于建筑节能的微环境。

2. 总结

绿色住宅区作为一种理想化的居住模式，虽然很难彻底实现，但它毕竟代表了未来住宅区的发展方向。目前，在国内众多的城市住宅区中，其设计的许多方面都不同程度地运用了绿色技术措施，表现出对生态设计思想的探索。城市住宅区的绿色设计是一个复杂的系统工程，其建设需要政府部门、开发单位、设计人员、城市居民等多方面的共同努力。国内的城市住宅区生态设计应从以下几个方面加以努力：

（1）贯彻环保意识。提倡建立在环保观念上的“绿色”消费观，确立“绿色”生活方式，让人们认识到贯彻生态意识的行为不仅仅是为了环境或别人，也是为了自己和未来。

（2）确立长效经济观念。从整个建筑寿命周期来分析，综合地采用生态技术措施虽然可能会加大初期阶段的投资，但会得到建筑物或系统在整个建筑寿命周期内低很多的成本效益。因而，城市住宅区的建设者和使用者均需树立长期效益基础上的生态经济观。

（3）建立政策强制导向。住宅区的绿色设计涉及社会多方面利益以及短期、长期效益问题，因此需要政府介入，通过完善法规，加强调控，对此做出平衡和协调。有关部门还可建立绿色住宅区的综合评价指标系统，对符合标准的住宅区建设给予多方支持。随着环保意识的提高，人类已经越来越认识到走可持续发展之路的重要性。我国政府发表了《中国21世纪议程》，提出了中国实施可持续发展的战略部署，全国各大城市在此基础上纷纷制定了各自的行动计划，绿色住宅区正是这一计划的具体体现，是其中的一项重要内容。此外，居住社区建设具有量大面广和涉及广大人民群众切身利益的特点，建设绿色居住社区有利于为广大群众营造健康、舒适的居住环境。因此，专业人员一定要精心策划，切实把可持续发展理论贯彻于居住社区的规划与设计中，建成一批名副其实的绿色居住社区。

第三章

内蒙古地域建筑的绿色营建智慧

第一节　内蒙古地区建筑的地域特质和形态

从历史的角度来看，内蒙古地区有着独立发展的历史轨迹；红山文化的发现对内蒙古地区文化历史的研究有着重要的意义，也为建筑生态技术研究提供了更多的参考依据。随着土地的过度开垦以及气候环境和生态环境系统的变化，内蒙古地区的社会产业结构发生了变化，由渔猎到农业，再到牧业，现在过渡到农牧业。由于气候环境变化的波动和社会动荡导致的人口流动，内蒙古地区的政治、经济、文化有了很大的发展，并导致生态环境和社会历史出现了新的重大变迁。在整个历史时期的不同阶段，内蒙古地区的地域特质在不断变化，建筑形态和建筑技术也具有不同特点。

一、内蒙古地区建筑发展概述

内蒙古地区建筑地域技术特性受到包括生态环境的转变、社会形态的发展、生产技术的进步和建筑形态的演变等多方面内容的影响（见表3-1）。依据环境考古学的研究，现在为草原亚地带的赤峰一带，在距今8000～2400年前，气候温暖潮湿，地表覆盖有大面积的胡桃楸、白蜡树、松树混合组成的暖温带夏绿阔叶林和针叶混交林。当时的年平均气温为6.5～7.5℃，最冷月（1月）平均气温为-12℃～-11，最热月（7月）平均气温为23～24℃，年降水量有400～500mm。在这一时段存在的兴隆洼文化、赵宝沟文化和红山前期文化遗址中，都出土有大量的原始农具、捕鱼用具、动物遗骸和木炭，表明当时赤峰一带，在农耕兼营渔猎的聚落周围，分布有广阔的森林草原和充足的水域。这一时期处于新石器时代的中、晚期阶段，其社会发展进程与中原等地相比，大体同步。社会经济形态方面，有较为先进的制陶和制石手工业，社会产业结构以渔猎和采集为主。从物质文明成就看，这个地区的农业发展尽管较长江流域和黄河流域要晚，但仍然是

表3-1　内蒙古地区地域特征演变

时间	气候、地理特点	社会经济形态、产业结构特征	组织形态	文化时期
距今8000年前	气候温暖潮湿，有广阔的森林草原、充足的水域	有较为先进的制陶和制石手工业；以渔猎和采集为主	社群组织经历了由氏族到村落的发展历程	新石器时代的中、晚期阶段，农业生产的原发生地之一；兴隆洼文化、赵宝沟文化和红山前期文化遗址
距今5000年前	气候由暖湿向温干转变	渔猎与农业	分化出了中心村寨	晚期红山文化，代表了当时中国北方地区早期农耕文明的最高水平
距今4000年前	较温和湿润的气候	亦农、亦牧、亦猎	社群基本组织形式是以城邑为中心，以周围的农村为拱卫，以农村周围的土地和山林为环护的疆域	夏家店下层文化时期，青铜时代；从红山文化时代奠定的中华文明创建过程中的主渠道地位，一步一步地退居到文化边缘地带
距今3500年前	地表开始出现沙化	由农耕为主向游牧为主转变	形成部落组织	内蒙古地区匈奴、乌桓、鲜卑、突厥、契丹、女真、蒙古、汉等民族走向统一
距今2000年前	森林、草原、沙地相间的地理条件和逐渐趋于凉干的气候	以牧业为主	具有部落联盟性质的群体	北方游牧民族文明与中原农耕文明并立

农业生产的原发生地之一。社会组织形态方面，定居村落大都是稀疏分布，表明当时同一血缘关系的人群都聚族而居，社群组织的基本形式是彼此分散、相对隔绝的平等村落。而从当时的村落存在着环壕的区别和村落内部的房屋都呈街区状分布的特点分析，当时的社群组织经历了由氏族到村落的发展历程，社会出现了分层现象。

大约距今5000年前，内蒙古东部的气候环境出现了由暖湿向温干的转变。胡桃楸等阔叶林树种逐渐减少，代之以适应性较强的桦木和喜温干的松树。同时，以发达的原始农业为特征的晚期红山文化，代表了当时中国北方地区早期农耕文明的最高水平。通过遗址的发现与研究，从红山文化中、晚期开始，社会逐步进入铜石并用的阶段。这一时期，这里的社会发展与同期存在于黄河流域的仰韶文化和大汶口文化相比，也大体相当；在社会经济形态方面，此时农业的地位显著提升，社会产业结构出现了渔猎与农业并重的发展势头；在社会组织形态方面，在兴隆洼文化时代彼此分散的平等村落基础上分化出了中心村寨，并由此形成了一个个具有向心倾向的聚落群体，当时的社会可能出现了具有部落联盟性质的社群共同体。

牛河梁、东山嘴、四家子等遗址中以“坛”“庙”“冢”为代表的大型礼仪建筑群体的发现，证明我国源远流长的郊天祭地和宗庙祭祖的传统礼制早在红山文化时期就已经出现在内蒙古东部地区，礼制的发生也正是文明社会区别于原始社会的根本标志。

到了距今4000年前，内蒙古东部仍然处于一种较温和湿润的气候环境下。当时的年均气温比现在高出0.5～1.5℃，年降水量比现在高出50～100mm。此间生活的先民在森林与草原相间的良好环境下，种植适应性较强的粟类，饲养牛、羊、猪、狗等家畜，猎获野兽，过着一种亦农、亦牧、亦猎的生活。这个时期是继红山文化之后的夏家店下层文化时期，当地的社会发展进入青铜时代。社会形态方面出现了城邑，社群的基本组织形式是以城邑为中心，以周围的农村为拱卫，以农村周围的土地和山林为环护的疆域。这时，社会产业结构出现了以农业为主的局面。但是，与同期中原地区顺序发展起来的龙山时代晚期文化遗存和夏商之际的二里头文化、二里冈文化遗存相比，夏家店下层文化的综合发展水平要显得逊色一筹。就是从这个时期开始，内蒙古东部地区从红山文化时代奠定的中华文明创建过程中的主渠道地位，一步一步地退居到文化边缘地带，其历史文化发展也相应地与中原地区拉大了差距。在后来的历史发展过程中，由于中原地区文化中心地位的奠定和这里远离传世文献史料记事的中心范围，其历史便因为史载阙如而长期湮没无闻。

大约从距今3500年前开始，由于受全球气候变化影响，内蒙古东部地区开始向凉干型气候转变，随之而来的是森林覆盖面积的减少和无数旷原的增多，从而导致生态环境趋于简单生态系统。同时，由于土质疏松，地表堆积是以沙质为主的第四纪松散沉积物，自红山诸文化和夏家店下层文化以来，人口的逐年增加和土地的长期开垦，导致生态环境被破坏，地表开始出现沙化。森林、草原、沙地相间的地理条件和逐渐趋于凉干的气候环境，决定了当地产业结构发生根本性的调整，从此，这一带的经济类型开始了由农耕为主向游牧为主的转变。大约从西周、春秋开始（约2700年前），中国逐渐形成了北方游牧民族文明与中原农耕文明并立的局面。

战国以后，这里进入了以牧业为主的时代。其间，中原各族在大国兼并的浪潮中形成了秦汉大一统帝国。与此同时，北方地区的东胡、匈奴等各族也走向统一，建立起强大的草原帝国，从而形成了中原与北方这两大文化区域并存的局面。这两大文化区域汇合交融的过程就是中华民族形成的过程。

自远古以来，就有匈奴、乌桓、鲜卑、突厥、契丹、女真、蒙古、汉等族的人民先后在内蒙古这片辽阔的土地上繁衍生息。各族劳动人民的智慧和汗水在这里创造出了独具特色的历史和文化。

游牧民族时期，生活在北方寒冷地区的原始狩猎部落，为了抵御严寒及满足迁徙的需要，创造了适宜游猎生产的可移动式住房——“斜仁柱”（蒙古包的原始形态）。最初的“斜仁柱”由几十根木杆聚在一起，外面覆盖上数张兽皮，商周时期成为北方狩猎游牧民族的主要居所。公元前7世纪，“斜仁柱”几经演变，其外形已经成为穹庐状，初具蒙古包的雏形，并成为北方少数民族的主要居住建筑。公元前5世纪，匈奴人对蒙古包进一步改进完善，使之基本定型。据《史记·匈奴传》记载，这种匈奴人以及北方少数民族的活动居所被称为“帐”或“落”。“帐”“落”不仅是对生活居所的称呼，同时也是一种统计实力的数量单位，若干“帐”或若干“落”表示部落人马的多少、力量的强弱，而每个“帐”或“落”则为一个蒙古包。以后的鲜卑、突厥、契丹等北方游牧民族沿用了这种居住形式。到了公元12世纪，蒙古势力逐渐在北方崛起，蒙古包逐步发展并达到了鼎盛时代，出现了可容纳千人的巨型宫帐式蒙古包和由十几头牛牵引的车上蒙古包等各式各样豪华巨大的蒙古包。清朝建立后，这些“帐”“落”被统一称为“蒙古包”（包——满语中“家”的意思，蒙古包即为蒙古族人居住的家，见图3-1）。

草原上除了移动式蒙古包外，还有一类叫作“杜贵格勒”的土木结构的定居式蒙古包。这类蒙古包和移动式蒙古包并存，它的出现使游牧有了定居的倾向，即所谓半游牧状态。定居式蒙古包直径一般5m左右，室内净高2.4m左右，门两侧设有小窗，室内空间大，通风采光、保温性能较好，但不能搬迁移动，只适用于定居。有的将2～4座蒙古包横向组合建造在一起，端头设门，中间开窗，形成有明有暗的套间。

图3-1　蒙古包

图片来源：课题组资料

由于工业的飞速发展，很多材料也被应用在蒙古包的制作上，如复合板蒙古包，轻钢骨架蒙古包，充气蒙古包，橡胶、塑料等其他轻制材料制作的蒙古包。蒙古包传承至今已经成为北方游牧民族的象征，是游牧民族长期流传下来的特有的建筑形式。

同时，由于农业的进一步发展，夯土建筑在内蒙古地区也普及起来。内蒙古地区早期的建筑结构体系中也包括用土作为天然建筑材料的建筑类型。夯土建筑的结构形式，在不同时期受各区域气候、环境、生活习俗及技术的制约，表现出不同的地域特征。随着社会生产的发展，夯土技术逐渐发展到采用夯土墙承重。很长时间以来，内蒙古大部分地区以这样的建筑形式来解决定居居民的生活、生产用房。

通过对内蒙古地区建筑文化演进历史的分析，发掘其在各个类型建筑中沉淀的丰富而浓厚的地域文化因素。不同民族文化背景下的建筑具有不同的建筑文化内涵，同时也采用不同的建筑技术手段来实现其建筑文化特征。

二、居住建筑

内蒙古的居住建筑遗留至今的大部分是清代以来的建筑，绝大部分建在城市中，特别是王府，各旗都有数处，形式均为汉式，装饰上还吸取了西洋风格。由于特殊的地理位置，其建筑形式也是多种多样：东部地区连接辽宁、吉林、黑龙江，建筑式样带有东北地区风格，大门、正房均布置在中轴线上，两端建厢房，成为二合院；中部地区连接河北、山西、陕西，建筑形式多半仿照山西北部的住宅风格，平面布置成四合院，大门开在正房方向东南角，院南北长而东西较窄，一般为一进；西部地区与宁夏相接，建筑式样与宁夏建筑风格接近，建筑平面为四合式房，院子南北很长；北部地区为半农半牧地区，房屋平面为矩形，三间两间不等。

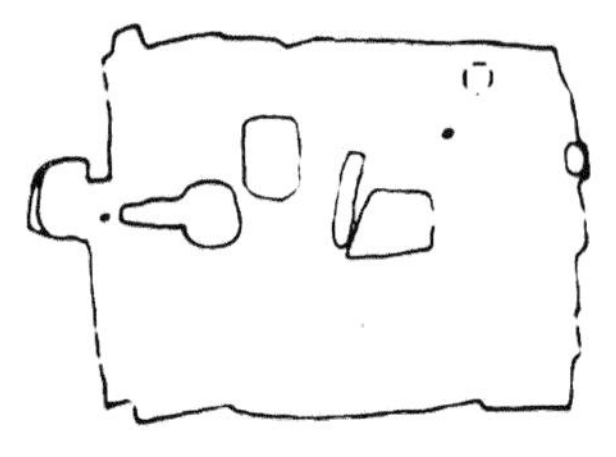

图3-2　赤峰西水泉遗址平面
图片来源：《红山文化研究》

（一）建筑遗址

考古学家在红山文化遗址中发掘了数量不多的房屋遗址，所发现的房址都是被称为长方形土坑半地穴式的建筑结构，即由地面向下挖掘竖穴式坑，以坑壁作为房子的墙壁，再于坑底立柱，建顶做出房屋的举架高度。房屋的面积大小不等，小者不到20m^2，而西水泉遗址第17号房址的面积最大，约有100m^2（见图3-2）。在偏于一侧的中部挖有灶坑，其平面近瓢形，故称作瓢形灶。灶坑深度一般超过0.5m，底部有两种情况，一种是“瓢把”部分的灶底略高于“瓢”的底部，这两部分坑底的连接处一般为较缓的斜坡，有的“瓢把”之底本身就是一个长斜坡，但无论怎样，灶底最浅处距坑口一般也都超过35cm；另一种是“瓢把”和“瓢”的坑底同深，整个灶底处在同一平面，这种类型较多。常见的灶坑坑壁不加任何处理，只是个别较大的房屋才在灶壁外表面贴敷一层草拌泥。房址的一侧穴壁中部设有向外凸出的斜坡门道，其入口处与灶坑的“瓢把”状火道相距很近。

东山嘴遗址是红山文化晚期的一处建筑遗址。这里的石砌建筑基址反映了红山文化居民对石建筑布局的总体把握与设计能力。整个建筑基址分中心、两翼和前后两端几个部分。中间是一座大型长方形建筑，东西长11.8m，南北宽9.5m，四边用石块砌墙，用料以砂岩石为主，中间夹杂少许灰岩石板，石块都经过加工，有的石材加工成十分规整的长方形，石块一般长30cm、宽20cm、厚15cm，东墙基保存有四层石块，从外侧可以明显看出采用的是错缝砌法。其内为平整坚硬的黄土地面，地面上有用长条石组成的椭圆形石堆。长方形基址南面大约15m处，有一个用石块铺砌的圆形台址。两翼建筑位于北部长方形基址的两侧，分南北两部分，北部两翼为两道南北走向的石墙基，南部为零散的石堆，为长条石组成的石墙基和成组立置的锥状石倒塌后的遗迹。

（二）蒙古包建筑

1. 空间形态特征

蒙古包平面是圆形，直径一般约为4m，面积在12～16m²，边高约1.4m，包中高约2.2m，包中空间体积为同等面积矩形房屋体积的2/3（见图3-3）。

图3-3　草原上的蒙古包群
图片来源：《蒙古秘史》

蒙古包内分几个生活区。进入包中，门的正面和左面是主人日常活动和接待客人的地方。包内西北角供一佛龛，其前面禁止坐人。门的右侧是放置炊具及妇女平时活动及居住的区域，靠墙边放置箱柜。门边左侧放鞋靴，右侧堆置燃料。包的中央为炉灶，包顶正中的“陶脑”（木质圆形天窗）用于采光和通风，上面设置有绳索的毡子，白天开启，晚上盖上。

蒙古包入口朝向为东南或正南，便于获得采光及抵御寒冷的西北季风直接侵入。另从宗教意义上讲，13世纪前，蒙古族等北方少数民族信奉萨满教，有拜日习俗，当时蒙古包的门设在东南处。

2. 营建技术特征

蒙古包为毡木结构体系，构造简单合理，轻便耐用。这是一种最古老的装配式建筑，其骨架由统一参数的“哈那”（一种木质可伸缩折叠的圆形网架墙）、“陶脑”（木质圆形天窗）、“乌尼”（连接天窗与墙的椽条）等标准构件组成。

蒙古包空间较小，节约能源，并用草原上仅有的牛粪、羊砖等燃料采暖。蒙古包一般架设在地势较高的地方，以避积水及防潮。架设时，用皮条鬃绳将“哈那”“陶脑”和“乌尼”绑成上部呈圆锥形、下部为圆形的网架，根据气温的高低在上面覆盖1～2层毛毡，再用绳索束紧。下部有一圈活动的毛毡，夏季揭开后可四面通风。地面铲去草皮，略加平整，铺牛粪一层，煨燃，以驱潮气，有条件的可以铺沙一层，沙上铺特制加厚毛毡、地毯2～3层。

（三）生土建筑

从广义上讲，生土建筑体系是指建造材料为原生土、夯土、土坯或者土作为主要围护和承重结构与木结构相结合而修建的建筑形式，包括窑洞民居、其他生土民居建筑和用生土材料建造的公用建筑（如城垣、粮仓、堤坝等）。

生土建筑体系是北方各族人民在生产和生活过程中，继承和丰富长期以来的建筑和人文文化，与地方地理气候、材料、工艺技术和生活习俗、民族宗教文化艺术以一种有机而巧妙的方式结合起来，逐步形成和发展起来的一种建筑体系。生土建筑体系是植根于当地复杂而特殊的自然物质条件和民族文化内涵而存在和不断发展的有机系统。

典型生土民居建筑体系分类：

（1）原生土建筑体系：建筑的各部分支承构件（基础、墙体、楼板等）是原生土。一般是在土层上挖坑开洞，形成房间，依形就势凿成的各种佛窟、窑洞、墓穴、地下室等均属于这种体系。这类生土民居的主要代表是窑洞民居。

（2）生土墙土拱式全生土建筑体系：建筑的受力和围护结构都是生土材料的，其中有加工以后的生土和原生土一起使用的，也有全用加工生土材料建造的。所谓加工生土是指加工后仅仅改变物理性能而其本质没有变化的生土，如夯土、土疙瘩、土坯砖等。

（3）土木混合结构建筑体系：建筑的一些承重结构和装饰构件是由生土和木材共同组成的，而围护墙和隔断墙是由夯土或土坯砖等砌筑的。其具体做法随各地区的气候、地理、地质等条件各异而不同。有的地区采用夯土或土坯砖砌筑作为承重墙；有的采用夯土墙或土坯砖墙下端加设木质地圈梁，墙中加木柱，墙上端加横梁等；有的则是木结构承重，生土墙作为围护结构。屋顶用木构架，平顶或坡顶。这一类生土民居在整个内蒙古地区有大量分布。

1. 原生土建筑体系

窑洞是最典型的原生土建筑。内蒙古草原猎牧人最早的住宅是窑洞，不过最早的窑洞不是人工挖的土窑洞，而是天然的石岩洞。著名的有内蒙古大兴安岭嘎仙洞鲜卑石室和东乌珠穆沁旗阿拉坦合力苏木哈达吐岩洞，距今已有2000年的历史。内蒙古鄂尔多斯东部临近黄河地区的窑洞，都是依山而建的靠山窑，这是内蒙古南部、陕西北部、宁夏南部普遍流行的样式（见图3-4）。在内蒙古凉城岱海一带，早在新石器时代，便流行一种半地下覆土式窑洞。除了上述事实外，内蒙古卓资山岩中有一幅窑洞岩画显示出在地平线上有一列窑洞整齐划一地朝向一个方向。

窑洞包括靠崖式窑洞、下沉式窑洞和独立式窑洞。在内蒙古地区现存较多的是靠崖式窑洞，其群落布局多坐北朝南，建于阳坡之上。这样的布局使前后窑居无光线的遮挡，同时可以尽可能多地获得充足日照，很好地回避了高原冬季寒冷的西北风的侵袭，门窗、庭院的背风设置减少了冷风对建筑的渗透，有利于冬季防寒。下沉式窑洞开敞的出入口通常背风设置，下沉的庭院内向型封闭的院落形成一个相对稳定的小气候，是躲避冬季强烈西北寒风侵袭的最好选择。独立式窑洞的入口、门窗、庭院背风设置，而北面迎风面尽量为实墙，即使开窗，窗户面积也应尽可能小，冬季进行封堵。窑洞布局简洁规整，外表面无明显凹凸空间，接近长方体，且面宽窄，进深大，一般面宽为3.6～4m，进深可达9～10m。

图3-4　靠山窑洞
图片来源：课题组资料

内蒙古地区有土质好的地区，抗压性能好，土层深厚，雨量小，气候干燥，对生土可以直接利用的建筑形式就是窑洞，直接在土层中开挖出居住空间，建造方便经济，同时有厚厚的土壤作为保温隔热层，内部冬暖夏凉，热舒适性好，非常适合当地气候和经济条件。

2. 生土墙土拱式全生土建筑体系

内蒙古传统民居中采用生土技术较为广泛，按建造技术形式来分有土坯、夯土、浇筑土三种方式，每一种方式因所选土质、建筑技术、土结构性能不同而各有其限定范围，在建筑中的作用及优点也各有侧重。

3. 土木混合结构建筑体系

现代生土混合结构建筑目前存在方式有三种：一种是基础用毛石砌体，墙体用夯土，楼面或屋盖用钢筋混凝土或木瓦；二是基础用毛石砌体，横墙承重用夯土，纵墙承重用木构架，夯土作为围护结构，楼面或屋盖用木构或木瓦；三是基础用毛石砌体，外承重墙用夯土，内承重墙用砖石砌体，楼面或屋盖用钢筋混凝土或木瓦。图3-5是克什克腾旗夯土墙体的民居。生土混合结构无论为单层或两层，均具备了以下两大承重结构的要求：由钢筋混凝土、屋架构件组成的楼面或屋盖，属于夯土混合结构的主要水平承重结构；而夯土墙则构成了混合结构的主要竖向承重结构。

图3-5 克什克腾旗民居
图片来源：课题组资料

传统建筑对土的利用构思巧妙、灵活多样，根据各地土质和气候的不同，发展出各种不同的使用方法。土是一种易于获得的材料，具有良好的可塑性，同时具有良好的隔热蓄热性能，拆除后可以很快回归于环境中，是一种优良的生态材料。其缺点是强度较低，防水性能差。生土还可以夯筑成厚实的土墙，具有良好的承重性能。利用土坯建造的拱券结构房屋，造型独特，别具一格。

三、宗教建筑

（一）史前宗教建筑

红山文化是内蒙古地区史前文化的重要代表。根据相关的考古资料，可以了解到当时的建筑技术水平，并且可以深入研究地域文化与地域建筑之间的复杂关系。

图3-6　牛河梁石台遗址

图片来源：牛河梁石台遗址公园

牛河梁遗址是一处新石器时代晚期（公元前3770年～前2920年）红山文化的祭祀遗址（见图3-6），总面积约50km^2。遗址中发现有大型祭坛、女神庙、积石冢群等遗迹。牛河梁遗址的发现揭示了红山文化的祭祀生活，为研究中国新石器时代社会、思想、宗教、建筑、美术等方面，提供了珍贵的实物资料。

女神庙建筑代表了红山文化半地穴式房屋建筑的最高水平。它位于牛河梁主梁北山丘顶南侧下面的平缓坡地上，是一座占地面积大约150m^{2}的史前建筑。女神庙由一个多室和一个单室两组建筑物构成（见图3-7），多室在北，为主体建筑。单室建筑横长6m，最宽处2.65m：多室建筑南北长达18.4m，东西残存宽约6.9m，结构复杂，包括一个主室和几个相连的侧室和前后室。这座女神庙的地下部分与地上部分交界处保留着向上弧起的墙面，墙壁地下部分为竖直状，地面以上呈拱形升起。墙壁和屋顶都为土木结构，没有见到使用石料的任何痕迹。在庙的南单室四周发现有一周碳化木柱痕迹，可以知道地上原来立有圆木柱，柱内侧贴成束的禾草，再涂抹草拌泥土，形成墙面。在倒塌的属于庙墙的泥块中，有的是在墙面上做出的各种规格的仿木条带，多为方形带，宽4～8cm不等。从现有的标本看，以方木条作为横木，与之相交的立木为圆木柱，它们之间仿榫卯式相接。墙面为多层，为便于层层黏合，内层墙面上常做出密集的圆洞。这些圆洞密布如蜂窝状,又似一种墙壁装饰。墙壁

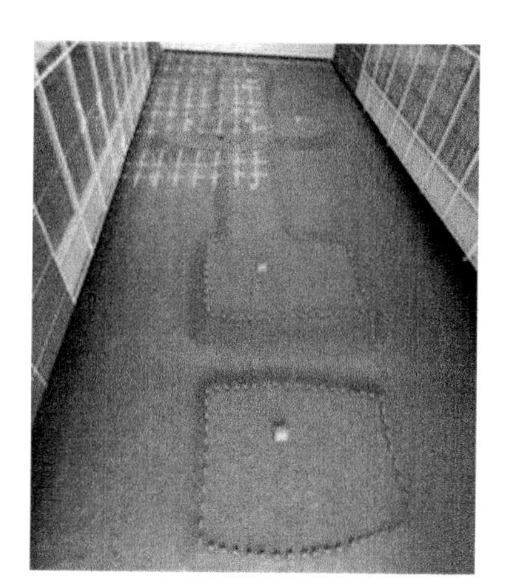

图3-7　女神庙遗址

图片来源：牛河梁石台遗址公园

图3-8　遗址彩绘墙壁残块
图片来源：《红山文化研究》

的筑造方法是：首先由地面向下挖一个大坑，坑底就作为房屋的地面，坑壁经过一番修整，先紧贴土坑壁直立5～10cm的原木为骨架，结扎禾草秸把，再敷厚3～4cm的底泥，然后抹2～3层细泥，这样，墙壁就基本建成了。室底和壁经火烧烤变得更坚硬结实。从女神庙基址中出土的一件残长14cm、宽13cm的彩绘墙壁平带可以看出，古人用工具拍打上条纹、涡点等纹饰，一方面可以起加固作用，另一方面又增加了房屋的美观。通过墙壁上美丽的彩色图案，如赭红色的勾连纹、三角纹，可以想象出当时的建筑彩绘技术的发展程度（见图3-8）。

在牛河梁周围方圆50km^{2}的起伏多变的山头上发现遗址20多处，它们遵循南北轴线对称布局，以女神庙为中心，讲求高低主次，相互照应，形成了一个远离住地而专门营建的、规模宏大的祭祀场所，远远超出了以一个家庭为单位、在生活住房内设祭的家庭祭祀，也远远超出了以氏族为单位、以设在村落内部的大空间建筑为祭祀场所的氏族祭祀。其规模之大，体现出这是一个更大的文化共同体的祭祀圣地。

（二）藏传佛教建筑

内蒙古地区的寺庙建筑主要分为汉传佛教、藏传佛教两种，元代之前多属汉传佛教建筑，但多已失存。自明朝以来，藏传佛教开始在蒙古地区广泛传播，其寺庙（也称召庙）最早便从今天的呼和浩特开始兴建，至清康熙年间达到高潮。呼和浩特又享有“七大召、八小召、七十二个绵绵召”的“召城”美誉。而且，内蒙古其他地区也在清代达到了建寺的高潮。

早期藏传佛教初传入内蒙古时，其建筑文化是零散地、不系统地传入的，而当地从事建筑活动的多是汉族工匠和掌握了汉族建筑技术的蒙古族工匠，故而这一时期的寺庙建筑多是在汉族寺庙的基础上发展起来的。

内蒙古地区藏传佛教的寺庙建筑，一开始便把各个民族的建筑文化相互融合在了一起，其中基本形式有藏式、汉式、藏汉混合式三种。内蒙古地区藏式建筑以五当召建筑群为代表，汉式建筑以贝子庙建筑群为代表，藏汉混合式建筑以席力图召、庆宁寺为代表，三者各具特色。这三种建筑的技术特点就可以代表内蒙古地区藏传佛教建筑的技术特征。

藏汉混合式寺庙在整体建筑布局中大都采用汉式佛教寺庙中“伽蓝七堂制”的形式，只是在寺院中轴线的后部布置一个主体建筑——藏汉风格结合的大经堂，在大经堂二层平顶上再建一汉式大木歇山式殿堂坡顶，造型式样灵活多变，是较为常见的一种寺庙形式。

图3-9　五当召

图片来源：包头市人民政府咨询中心

五当召是藏式建筑的主要代表。五当召（广觉寺）的主体建筑现由六大经堂、三座活佛府、一幢安放本召历世活佛舍利塔的灵堂以及九十四栋（共两千余间，现存四十余栋）喇嘛住宿的白色藏式小土楼组成，占地三百多亩（见图3-9）。召庙建筑均涂以白灰，只有高处的主体建筑色彩辉煌，远远望去，给人一种超凡脱俗、庄严神圣的感觉（见图3-10）。

图3-10　五当召全景

图片来源：《内蒙古藏传佛教格鲁派寺庙——五当召研究》

五当召内所有殿堂的装饰具有鲜明的民族、宗教色彩。各座殿堂内部矗立的柱子都雕有精美的图案，外裹彩色毛毡，并坠以五彩刺绣飘带。

苏古沁殿是五当召规模最大的建筑物，相当于寺院中的措钦大殿，是五当召中全寺性质的大经堂，供全寺大型活动和集会使用（见图3-11）。该殿建于清乾隆二十二年（公元1757年），是五当召一世活佛时代最后建成的建筑。大殿位于五当召主体建筑群的最前方。坐北朝南，左为却伊拉殿，右与大甲巴（已毁，现重建为蒙古族博物馆）和大厨房相邻，殿后的

图3-11　苏古沁殿

图片来源：《内蒙古藏传佛教格鲁派寺庙——五当召研究》

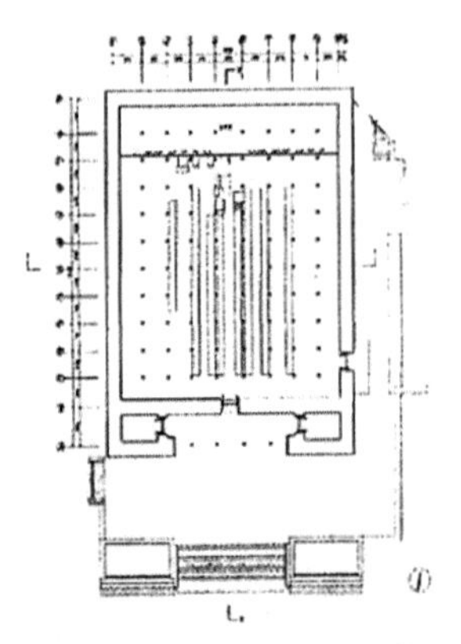

图3-12　苏古沁殿平面图
图片来源：《内蒙古藏传佛教格鲁派寺庙——五当召研究》

图3-13　苏古沁殿建筑细部一
图片来源：《内蒙古藏传佛教格鲁派寺庙——五当召研究》

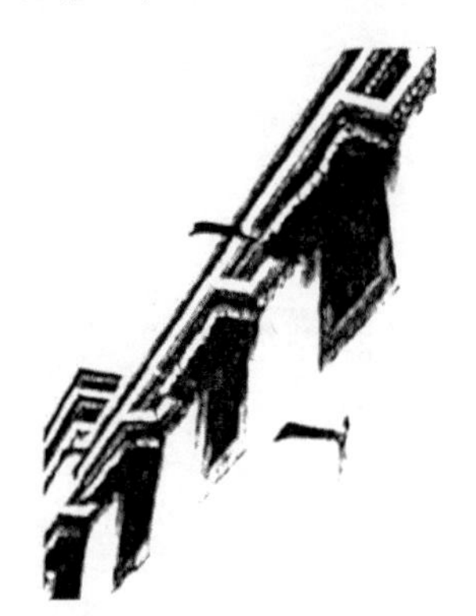

图3-14　苏古沁殿建筑细部二
图片来源：《内蒙古藏传佛教格鲁派寺庙——五当召研究》

山坡正对讲经台和洞阔尔殿。

苏古沁殿建于高约2.7m的石基台之上，总占地面积约为1500m^2。全殿共分三层，总高为13.8m。大殿前部有一个进深一间、面阔五间的凹形门廊。门廊内设八锣柱四根，柱上为藏式雀替和梁枋，天花为木制藻井，殿门两侧绘有四大天王的壁画，形象生动、色彩艳丽。大殿为墙柱混合承重结构，四周围护的石墙厚0.8～1.5m，既起承重作用，又具有良好的保温、隔热功能。大殿平面为矩形，殿内密布正方形网格状柱网。大殿底层面阔九开间（约28m），进深十一开间（约33m），平均每间大小约为3m×3m（见图3-12）。建筑立面构图采用典型的“两实夹一虚”模式：正立面两侧为厚重敦实的白色石墙收分，对比突出了中央部分入口凹廊的通透细腻。两侧实墙上开藏式梯形窗，檐口处“便玛墙”上缀以金色梵文宝镜，墙面与入口处虚实对比强烈。加上洁白、素雅的大片实墙面与暗红色的檐部“便玛”色带的对比，以及藏式柱廊、檐部布饰等细部的巧妙运用，更使得建筑立面造型简洁流畅，朴实而有力度，具有强烈的宗教圣洁和神秘的色彩，以及纯朴的民族风格（见图3-13和图3-14）。

大殿内部，底层共有四锣柱80根，其中64根裹有彩色云龙纹绒毯。地面由青石铺就，沿进深方向每柱间排列两行木座榻，上铺绒毯以供喇嘛们打坐听经之用。东、西、南三壁满绘工笔重彩壁画，为清乾隆二十二年（1757年）间的原画，幅高3m，总计150余米长，内容为佛祖释迦牟尼本生的故事。经堂后部中央有一方九开间的内天井，4根红布包裹的四棱方柱直通二层。该内天井的设置解决了经殿通风和局部采光的问题，亦改变了建筑的内部空间形态，光线从天井洒下，落在佛像上，在四周昏暗环境的映衬下，更显出一种神秘、肃穆的宗教氛围，极大地丰富了空间层次。经堂顶部采用布阵吊顶及筒蟠（现已无存）。西侧有石砌台阶可通往二层。二层前部、中部与底层相当，后部结合地势增建一面阔九开间、进深三开间的两层佛殿。佛殿一层与前部经殿二层由木坡道相连，内供释迦牟尼等众佛铜像和泥塑十八罗汉像，造型生动细腻。

经殿二层中部围绕内天井，形成一“回”形天井，既便于建筑内部通风采光，又使二层形成了一环状交通流线。天井的东、西两侧亦多为附属用房。大殿二层屋顶呈“回”形平面，檐口处置金幢一对，高2.6m，底部直径约1m。三层屋顶前部轴线上设一刹式镏金宝瓶，宝瓶两侧各有一尊力神（铜铸镏金），基座与檐口巧妙结合并嵌有砖雕双狮护法图案。屋顶四角各置一杆三义戟状法器。

此外，大殿台阶两侧的平房以及殿前广场上的旗杆和石砌香炉（各一对）均沿大殿中轴线两侧布置，这样处理更增加了外部的空间层次，强化了苏古沁殿在整个五当召寺院中的重要地位。

作为一所典型藏传佛教的寺庙，五当召的装饰题材以及色彩运用既具有寺庙的共性，也有其独特之处。建筑的色彩和装饰均显示出了浓郁的宗教精神和民族风格。建筑外墙面的色彩分墙体、檐部两个部分，墙体为白色，檐部为棕红色的便玛草饰带。檐部暖色的饰带使建筑外轮廓和作为背景的蒙古高原的蓝天、白云形成强烈的对比。便玛草饰带植物的绒绒质感、墙体石头的坚硬感、门廊悬挂帐幔的棉毛质感以及屋顶金幢和法轮卧鹿等金属材料的光泽感形成了鲜明的对比。大块墙面与中间的门廊及小窗洞形成了虚实的对比。此外，殿堂建筑群的轴线明确、严谨庄严，与活佛府分区部分的自由活泼也形成了空间布局上的对比。由此可见，整个五当召建筑群采用了很多的对比手法，突出了其建筑艺术和宗教氛围。

（三）伊斯兰教清真寺建筑

随着伊斯兰文化在内蒙古地区的广泛传播，伊斯兰建筑与传统建筑结合，形成具有地区建筑特征的宗教建筑——清真寺。其基本特征是：按照伊斯兰教所要求的建筑内容，每座寺都有礼拜堂、邦克楼、水房、经堂等，建筑单体按规则的中轴对称布置，组成规整的院落；邦克楼为多层楼阁形式。

克什克腾旗清真寺的整体布局和建筑艺术与内蒙古地区的伊斯兰建筑一脉相承，同时，又具有内蒙古民居的特点（见图3-15）。清真寺采用中国古代建筑的传统四合院布局，在院落的空间处理上，将中心建筑布置于院落的几何中心，强调中轴对称。清真寺的主体建筑都采用坐西朝东的方位中轴线，也就形成了东西朝向的布局方式，并且寺门一般均开设在东面。清真寺一般为一进院落，即使是多进院落，也通过每进院落所设的厅、门楼、牌坊等，使院落之间的空间通透，从而达到宗教空间氛围的层层深入，以利于宗教仪式的组织。这种讲究中轴线上院落空间的循序渐进和前后贯通，与中国的佛教、道教建筑各院落是相对封闭的，其宗教气氛的提升靠各院落中心建筑的形制逐步提高来实现，存在显著区别。

图3-15　克什克腾旗清真寺
图片来源：课题组资料

克什克腾旗清真寺的总体布局，在遵循中国内地清真寺普遍格局的基础上又有其独到之处。从平面布局上看（见图3-16），该寺为一进院落，沿东西中轴线设有对厅、礼拜大殿与望月楼（后窑殿），在对厅与礼拜大殿之间的南侧院墙上开设寺门，在院落空间上，形成南北轴线，教长室正对寺门，坐落于南北轴线的端部，其左右设有经堂、水房及其他生活用房。

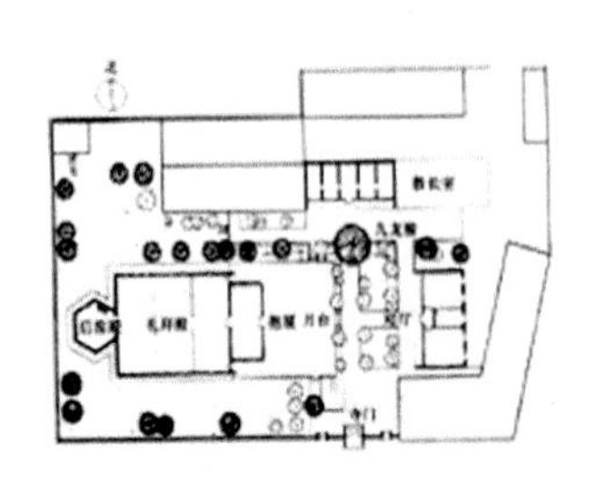

图3-16　克什克腾旗清真寺平面图
图片来源：课题组资料

将寺门设于南侧并形成明确的轴线，这不同于清真寺院落常规的做法，将门楼设置于第一进院东端南北两侧的院墙上。由于寺门设在南侧，南北轴线右侧的对厅，从主轴线看，则成为“倒座”形式，同时在主轴线中心坐落礼拜大殿和在南北轴线尽端设置教长室的格局。

礼拜大殿既是进行宗教活动的核心，也是日常举行重大庆典的中心。克什克腾旗清真寺礼拜殿从外观上看，是典型的中国传统木构建筑形式；从内部空间看，则具有浓郁的伊斯兰教氛围。清真寺大殿均为东西向，一般进深远大于面阔，形成窄而深的平面布局，清真寺大殿由卷棚抱厦、勾连搭殿和后窑殿（望月楼）三部分组成。大殿前部低矮，殿内举架高大空间通达，梁柱整齐规一，屋面几成一条直线，无举折，给人以强烈的壮丽感觉。后窑殿则位于主轴的西端，是摆放圣龛的地方。整个空间层次分明，具有明确的空间序列。

中西合璧的建筑装饰是清真寺建筑艺术的重要组成部分，也可以说是这类清真寺建筑最鲜明的特点之一。克什克腾旗清真寺也不例外，其带有明显的伊斯兰教装饰风格和传统建筑装饰手法，以及内蒙古民居特色。在把握建筑群色彩基调上，既突出了伊斯兰教的宗教内涵，又充分发挥了地域性传统装饰手段，从而，取得了富有伊斯兰教特色的总体效果。

克什克腾旗清真寺从建寺至今虽经多次改造扩建，但不论是院落空间组合、外观形式，还是室内外装饰都保留了原有的风格。它的存在对研究伊斯兰教建筑的文化与技术手段具有重要的学术价值。

第二节　地域建筑选址和选材的绿色营建智慧

一、地域建筑选址地域性分析

（一）“风水”选址理论

“风水”理论是中国古代建筑选址、规划、营建所遵循的理论法则，实际上是地理学、气象学、景观学、生态学、城市建筑学等学科的综合体现。“风水”理论是基于中国古代“天人合一”的整体性朴素观而产生的，“阴阳”和“五行”学说是“风水”理论建立的基础。将风水理论用于建筑选址，就是要审慎考察自然环境，顺应自然，有效地利用自然，选择良好健康的适于人居的环境。“负阴抱阳、背山面水”是风水理论中选择宅、村、城镇基址的基本原则和基本格局。

从现代的科学理论来分析：背山可以阻挡冬季寒风；前面开阔可以得到良好的日照，可以接纳夏季的凉风；四周小山丘环抱，易形成良好的微气候，可以提供木材、燃料，山上的植被能够保持水土，防止山洪；蜿蜒的流水可以保证生活与农田的灌溉，又益于水中养殖。

风水理论中的“穴”是最佳的建筑基址。“穴”为三面或四周山峦环护、地势北高南低、背阴向阳的内敛型盆地或台地，作为人居环境，它容易在农、林、牧、副、渔的多种经营中形成良性的生态循环，自然也就变成一块福地了。

（二）气候以及地形的适应性因素

1. 气候的适应性因素

查尔斯·柯里亚曾说：“……气候决定了文化及其表达形式以及习俗礼仪。从它自身来说，气候是神话之源。在印度和墨西哥文化当中，露天空间所具有的超自然的特性是其所处热带气候的伴随产物。就像英格玛·伯格曼的电影，如果脱离了瑞典挥之不去的暗淡冬季，人们将无从理解。”

建筑的产生，原本是人类为了抵御自然和气候的侵袭，以获得安全、舒适、健康的生活环境而创建的“遮蔽所”，遮风、挡雨、安全、健康是建筑最原始、最基本的功能。气候是否成为影响建筑设计的主导因素，取决于建筑的性质和其所在地气候的严酷程度。

从现代社会对建筑的研究与认识角度出发，建筑存在的根本原因是为人类提供一个掩蔽以抵御恶劣天气的居所。对于建筑来说，气候就是围绕在建筑周围的环境条件，它可以通过热交换等形式与建筑内部发生联系。不论是在冬季还是在夏季，气候对建筑物的性能有很大的影响，而且对建筑构造的耐久性也会产生影响。对于建筑物的性能和耐久性都很有利的气候同样也会使建筑物的外部环境更加吸引人，对于室外消遣也更有利。

在建筑设计中如果能充分利用气候资源，就能够在创造舒适健康的室内环境的同时，减少机械设备的用电量，从而减少对煤、石油等化石燃料的消耗，进而减少二氧化碳等有害气体的排放，最终对全球生态环境起保护作用。

建筑的气候适应性设计，就是要在建筑设计中充分利用气候资源、发挥气候的有利作用、避免气候的不利影响，达到不用或少用人工机械设备创造健康舒适环境的目的，最终实现减少不可再生资源消耗和保护生态环境的目标，是实现建筑节能的根本保证和前提。

全球气候形成与分区包括两种分类方法：一是斯欧克莱分类法——湿热气候区、干热气候区、温和气候区、寒冷气候区；二是柯本气候分类法——热带雨林气候、热带季风气候、热带草原气候、沙漠气候、稀树草原气候、针叶林气候、冰原气候、苔原气候等。我国建筑热工设计分区如表3-2所示。

表3-2　我国建筑热工设计分区

分区名称	分区指标		设计要求
	主要指标	辅助指标	
严寒地区	最冷月平均温度＜10℃	日平均温度≤5℃的天数≥145d	必须充分满足冬季保温的要求，一般可不考虑夏季防热
寒冷地区	最冷月平均温度0～10℃	日平均温度≤5℃的天数为90～145d	应满足冬季保温的要求，部分地区兼顾夏季防热
夏热冬冷地区	最冷月平均温度0～10℃，最热月平均温度25～30℃	日平均温度≤5℃的天数为0～90d，日平均温度≥25℃的天数为40～110d	必须充分满足夏季防热的要求，适当兼顾冬季保温
夏热冬冷地区	最冷月平均温度0～10℃，最热月平均温度25～29℃	日平均温度≥25℃的天数为0～200d	必须充分满足夏季防热的要求，一般可不考虑冬季保温
温和地区	最冷月平均温度0～13℃，最热月平均温度18～25℃	日平均温度≤5℃的天数为0～90d	部分地区考虑冬季保温，一般可不考虑夏季防热

影响基址选择的气候因素主要有太阳辐射、风、温度、湿度与降水。“冬季向阳，夏季庇荫”“冬季避寒风，夏季迎凉风”，对基址的功能组织、建筑的布置与组合方式、空间形态和保温防热产生影响。应当弄清基址处的降水规律和特点，考虑降水对以后竖向布置、给排水设计、道路布置和防洪设计等工作的影响。除以上主要因素外，还有气压、雷击、积雪、

雾和局地风系、逆温现象等。

（1）太阳辐射。太阳辐射是建筑气候中最主要的气候要素。它是造成其他气候要素的主要原因，直接关系到太阳能在建筑中的被动式和主动式应用，对建筑的朝向、间距、采暖、降温、日照、遮阳起决定性作用。

（2）风速和风向。风速不仅决定风负荷大小，而且与通风的效果和人体热舒适有关。风向则影响建筑的位置、朝向、间距等。风速、风向是用风玫瑰图来描述的，风玫瑰图有多种表示方法，一般以频率图表示，即以某一时段内各方位风向或风速累计次数占该时段总累计次数百分率表示。

风玫瑰图分为风向玫瑰图（见图3-17）和风速玫瑰图（见图3-18）两种，一般多用风向玫瑰图。风向玫瑰图表示风向和风向的频率。风向频率是在一定时间内各种风向出现的次数占所有观察次数的百分比。根据各方向风的出现频率，以相应的比例长度，按风向从外向中心吹，描在用8个或16个方位所表示的图上，然后将各相邻方向的端点用直线连接起来，绘成一个形状宛如玫瑰的闭合折线，就是风向玫瑰图。

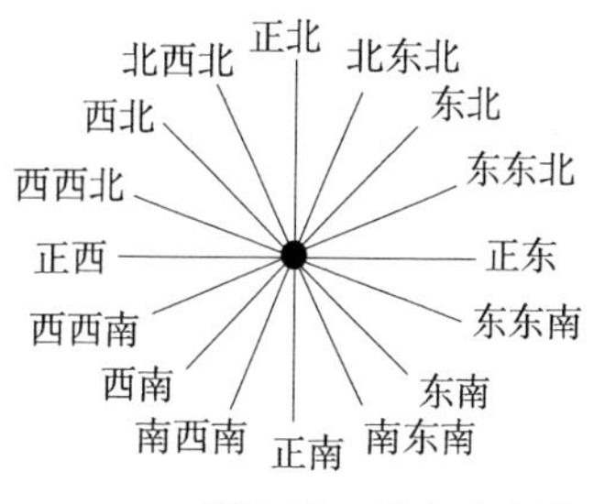

图3-17　风向玫瑰图

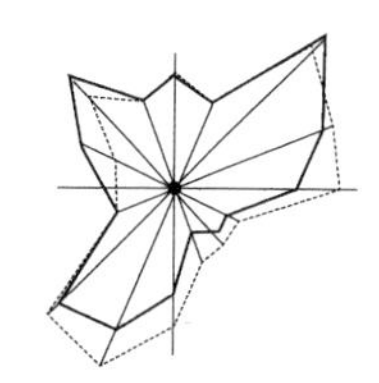
图3-18　风速玫瑰图

图中线段最长者，即外面到中心的距离越大，表示风频越大，其为当地主导风向；外面到中心的距离越小，表示风频越小，其为当地最小风频，如图3-19（a）所示，①>②，①为主导风向，②为最小风频；外面到中心的距离较大，为当地主导风向，如其主导方向相反，则为季风风向，如图3-19（b）所示，其主导风向为东北—西南方向。

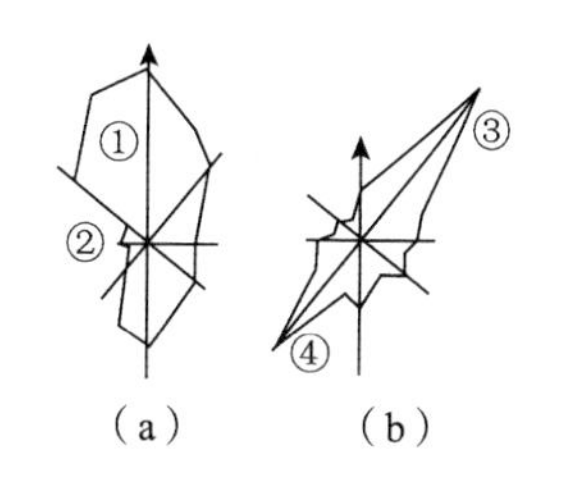

图3-19　风玫瑰图

（3）空气的温度和湿度。空气的温度表征空气的冷暖程度，其值与空气受地表的加热或冷却有关。气温的变化是有日周期、年周期的，与地球自转和公转有关。

空气湿度有绝对湿度和相对湿度之分。绝对湿度是指每立方米空气中含有水分质量的多少，单位是kg/m^3。相对湿度是指在同温同压下，空气本身的绝对湿度与其饱和绝对湿度之比。

一般情况下，一年之中，室外空气在夏季绝对湿度较高，冬季绝对湿度较低。一天之中，日出前绝对湿度最小，相对湿度最高；午后2～3时，绝对湿度最高，而相对湿度最低。

（4）降水和地表温度。降水包括下雨、下雪、冰雹等现象，描述降水的参数有降水强度和降水时间。对于建筑的气候适应性设计而言，需要注意的是降水时节和降水分布，并要考虑降水的收集、利用、排除，避免降水危害。

2. 地形的适应性因素

气候的大部分特征都不是人为所能控制的，所以进行建筑设计初期就会受到当地环境的制约。气候与地形因素就是建筑选址首要考虑的问题。

不同的地形条件，对建筑和城市的功能布局、平面布置、空间形态设计、道路走向、管线布置、场地平整、土方计算、施工建设等都有一定的影响。分析不同地形以及与其相伴的小气候特点，将有助于合理地进行布局与设计。

从大范围看，地形大体可分为山地、丘陵与平原三类；从小范围看，地形可划分为多种类型，如山谷、山坡、冲沟、盆地、河漫滩、阶地等。尽管人们可以对地形进行调整和改造，但自然地表形态仍是基址选择的基本条件。地形图是反映基址地形、地貌最重要的基础资料，基址选择还要尽量避免不良地质因素，如冲沟、滑坡、崩塌、断层、岩溶、地震等。道路与市政建设用地一般要求地基承载力在50kN/m^{2}左右。

在内蒙古地区，藏传佛教建筑的选址具有很强的代表性。藏传佛教的寺院选址有一套依据，主要依据气候和地形因素（见图3-20）。例如，要求有可靠的水源，建筑材料尤其是木材和石材取用方便，当然还不能距离居住村落太远等，这些都合乎建筑选址的实际要求。

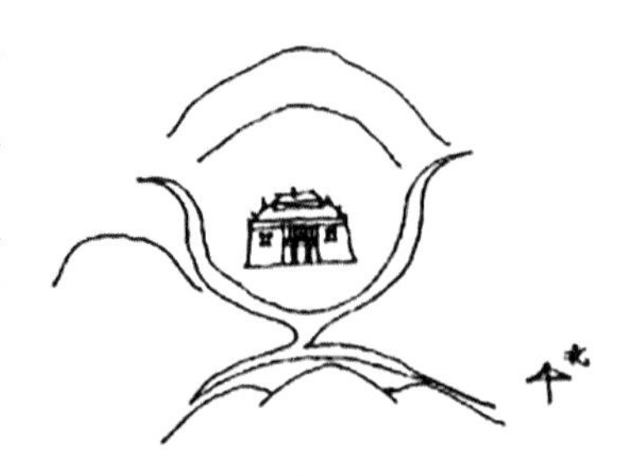

图3-20 藏族建筑风水示意
图片来源：《风水理论研究》

《寺院之门》一书中提到："寺院应建在这样一块地方：背靠大山，襟连小丘，两条河从左右两侧溺生，交汇于前，寺院就坐落在水草丰茂的谷地中央……"寺院之四极（即东西南北四个方向）应符合以下要求：东为平地，南为丘陵，西为高地，北为群山。此外，还需要注意天、石、地、水、木五个方面。同时，建筑的朝向也很重要，早期的寺院多朝东，以便看到初升的太阳。现存的大型寺院，主要有以下三种选址特点：①建在山前平缓地带；②建在山顶；③建在背后靠山、前有平川的山坡上。

（三）选址的安全性因素

从现代生态设计范畴来讲，设计的范围也包括设计心理学、设计行为学等学科。其中，安全性因素是研究建筑设计以及设计构思的重要考虑内容之一，这符合生态设计所提倡的"宜人原则"。对于内蒙古地区传统民居来讲，影响其安全性的最大因素是战乱与野兽的侵袭以及天灾。

内蒙古地区典型的蒙古包就搭建在适宜畜牧的地方。冬季在山弯或洼地以避暴风雪的侵袭，夏季在通风良好的高地以防畜牧受暑热之害，春秋两季则依水草而居。牧民逐水草而居，即向好的草场和有水的地方游牧，一般多在丰满的草场周边或沿河流两岸搭建蒙古包。

二、建筑材料绿色特性的地域性分析

（一）建筑材料的绿色技术特点

1. 泥土类

内蒙古地区拥有独特的泥土建筑材料体系，这些材料不仅节省制作时间，还节省制作时所用的能耗，而且经测试，其保温效果均优于黏土砖，尤其值得指出的是，土坯或夯土是使用较为广泛的建筑材料。其优点是：技术成熟、制作简单、施工简便、自建方便、材料可塑、形式多样、能源节约、造价低廉、制作时间短。不仅如此，它还可以循环使用，一旦拆除，墙土便可以转化为土壤。

（1）土。土壤分布广泛，取用方便，价格低廉，远胜其他材料。土壤按地质划分为黄土、沙土、碱土等。土的应用在民居中较广泛，如垛泥、打坯、夯土、挖土窑；利用田泥、土块，利用土层保温物理特性，以及沙土石灰配置三合土、土石、土砖、土木混用。黄土土质极细又黏，可以用作土坯，也可以用作抹墙面的材料，还可以用作胶结材料——砌体的胶泥，砌土坯、砌土块时均可使用，由于它的黏着性能强，可使墙体牢固。当雨水很大时，房屋外墙墙面也必须用黄黏土抹面，避免雨水对墙体的冲刷破坏。沙土含有大量的沙子，粗细不等。同黄泥混合在一起，可以作土打墙，既有黏性土易于黏着的特性，又有沙性土易于渗水的特性，是比较好的建筑材料。此外，还可以利用碱土这种特殊土壤防渗，碱土本身容易沥水，雨水侵蚀后，碱土的表面越来越光滑，如此反复使得碱土更加光滑而坚固，因此碱土用作屋面和墙面的材料较适宜。取碱土很方便，它经常出现在土地的表面，耗费一点儿运输力量就可以取得。

（2）土坯。土坯的适用范围很广，在农村的各类建筑中，都使用土坯材料。土坯的种类分为黑土坯、黄土坯、沙性土坯、木棒土坯四种。黑土坯、黄土坯、沙性土坯三类基本上相同，只是因材料性质不同而名称不同。在这三种土坯中，都是用羊草、稻草或谷草做羊角。木棒土坯是在土坯之内放置木棒3～4条，使土坯有抗弯作用，一般用在门、窗上部起到过梁的作用。

土坯的做法简单又相当经济，是最容易获得的材料，它能就地制作，经过很短的时间就可应用，从时间上来说也是最快的。土坯的做法是：先将坯土堆积于平地上处理，使土质细密，没有疙瘩和杂物，再将稻草层层放置于土上，倒入冷水，经过7小时之后，草土被水闷透，此时用带钩的工具将三者拌匀，使水、草、土三者完全黏合，再用木质坯模子作轮廓，将泥填入抹平，把木模子拿掉后即成土坯。用日光曝晒，三五天干燥后就能使用。土坯的抗拉、抗压和耐久性都较好，多用其砌筑墙壁。作为砌块，可以任意加宽，其尺寸各地也不同，一般是400mm×170mm×70mm。这样的尺寸是经长期摸索而固定下来的。用土坯砌筑墙壁，优点是隔寒、隔热，取材方便，价格经济，随时随地可以制造。其弱点是怕雨水冲刷，必须使用黄土抹面，每年至少要抹一次才能保证墙壁的寿命。

（3）岱土块。在低洼地带或水甸子搅拌后，将土挖成方块，几天之后当土坯使用。水甸子里草多，草根很长，深入土内盘结如丝，成为整体，非常牢固，将这样的草根带土切成方块取出，用它来砌筑墙壁非常牢固。它的特点是草根长满在土中，如同羊角在土坯中的作用，它可用于房屋的墙壁和院墙墙壁处，出产量大，可以说是最经济的地方建筑材料之一。

2. 砖石类

（1）砖。传统建筑材料常采用青砖。青砖采用马蹄窑烧制，先用黏土或者淤土做成砖坯子，经日晒干燥后入窑烧制即得。青砖的一般尺寸为8寸×4寸×2寸（242mm×121mm×61mm），和现在通用的红砖大小相仿。除此之外，还有大青砖（方砖），其尺寸约为350mm×350mm×80mm，主要用于雕刻，质地极细，没有杂质。青砖的颜色稳重古朴，庄严大方。但从物理性能来分析，青砖抗压力比较小，极易被破坏，同时吸水率甚大，砖墙容易粉蚀。

（2）石材。石材耐压、耐磨、防渗、防潮，是民间居住建筑中不可缺少的材料。在建筑上使用石材的部位有墙基砌石、柱脚石（柱础）、墙身砌石、山墙转角处的房子角石、挑檐石以及台阶等，有时炕也用石材搭砌。

石墙坚固耐用，石材做墙基石相对于土坯墙、砖墙而言不易返潮而致破坏，用作基石可以隔去潮气，延长房屋的寿命。石材应用的缺点是采石机械不发达，只能用人工采凿，需要大量的人工。因此，内蒙古居民在修建房屋的时候，所应用的小石材通常都是自己上山采凿的，比较大且方整的石材则是从石匠那里购买的。

3. 草木类

（1）木材。内蒙古地区的森林资源很丰富，木材品质好，因而木材是传统民居建筑的主要材料之一，无论是大木作中的柱、梁、襟、椽、桁，还是小木作中的门窗以及室内的家具，都要用到木材。木材的主要品种有红松、樟子松、胡桃楸、椴树、柞树、水曲柳、榆树、杨树、桦树、柳树等，其中松木的质地较坚硬，在大木作中应用很广泛。

采用木材作为建筑材料具有诸多优点：

1）抗震性能好，比较安全。

2）对水的污染小，而现代钢筋混凝土和钢结构生产和建造过程中会对水体造成大量污染。

3）能耗低。木材的细胞组织可以容留空气，使其具有良好的保温隔热性能，节省采暖费用，降低对大气的污染。

4）温室效应比钢结构、混凝土结构小。

5）空气污染少，木材在生长过程中吸收二氧化碳放出氧气，净化空气。

6）固体废弃料少，木构建筑从建造、维修到拆除过程中产生少量的废料，而且可以回收利用。

7）有利于土地的重新使用，木构建筑拆除之后，可以重新使用原地皮，不会造成土地资源的浪费。

8）木构建筑维修和翻新方便，节省维修能耗。

（2）草。建筑用的草大致有高粱秆、谷草、羊草、乌拉草、桦皮、芦苇、沼条等。

高粱秆是一种体轻而较坚硬的材料，当地人称之为林秸。它对于建筑来说是有很多用途的，特别是对于农村房屋用处更多。将林秸绑成小捆可以当作屋面板用，居民造房直接在椽子上铺上很厚的高粱秆可以省去屋面板，同时又可以防寒保暖；或编成帘子缚在木骨架上做间隔墙用，双面抹泥糊纸即成简便间壁。在仓库或储藏室也用高粱秆做外墙，叫作“障子”。室内的天棚以及火炕上的席子都可以用高粱秆制成。

谷草、羊草、乌拉草都可以用来苫房、铺炕。芦苇既可以做屋面材料，也可以做遮阳帘子及炕席、席棚等，在民间建筑上应用范围颇为广泛。

草类从墙壁到屋盖都有应用，它具有较好的保温性能，并且就地取材，建造方便，常常与土结合使用：在和好的黏泥中拌上草，用来抹墙面，更坚固持久。草拌泥还可制成土砖，不仅是垒炕的主要材料，也可以用来盖房子。房盖用草苫盖，每苫一次可用两三年之久，且暖而不漏。

4. 动物皮毛

草原上传统的居住形式——蒙古包，是利用动物皮和少量木结构支撑杆件做成的一种可移动的膜式轻结构体系。一方面是因为草原上缺乏木材、石块等一般建筑材料，却有着丰富的动物皮毛；另一方面是因为蒙古包便于拆装和携带，适合游牧民族逐水草而居的游牧生活方式。蒙古包以细木条编成可以收缩、张开的圆形篱笆墙围栏，作为四周围墙的骨架，再用木条做椽子，和正中的圆形木框结合成雨伞状的屋顶骨架，从而形成一种可以拆装折叠的轻质结构体系，然后将未脱脂的动物皮覆盖其上，用由驼毛做的绳子系牢，就成为可以居住的蒙古包。

蒙古包向我们展现出一种利用当地材料、创造性的特殊结构满足特殊生活要求的灵活的建造方式。

（二）建筑材料选择的地域性

运用地方建筑材料，是对建筑与地区资源状况相适应的一种早期认识，不仅具有经济和环保上的优势，还对延续地方传统、表达建筑的地方特色做出贡献。

在生产力低下的农牧业社会中，就地取材成为一个非常重要的营建措施。采用地方建筑材料具有造价低廉、取材便利、充分利用自然资源的优势，尽量选取地方建筑材料对于降低运输费用、节约能源、减少运输过程中对生态环境的污染有着重要意义。这样不仅使施工阶段的造价有所降低，也可以减少使用中的维护费用，具有经济优势的同时又有利于环境保护。天然材料不仅对人体无害，而且虽经加工但在很大程度上仍能反映自然的特征，满足人们返璞归真、回归大自然与大自然相融合的心理要求。

内蒙古地区物产丰富，建筑材料的种类也很多。传统建筑所使用的建筑材料都是天然材料，人们根据不同的情况创造和运用建筑材料的经验都相当丰富，因此对建筑文脉的延续有积极意义。

内蒙古传统建筑以木、土、石为主要原料，都是选择就地取材、方便运输的天然材料作为建筑和营造环境的原料与装饰手段。在长期的探索过程中，材料的天然属性及优点逐渐发挥出来，同时，人们在探索的过程中也用技术的手段去避免材料的缺点。北方传统民居的材料、设计及结合当地地理条件与气候因素来完成建筑的实用功能，减少了对资源的浪费，达到了环保节能、循环利用与可持续发展的目的。此外，在建筑的防雨、防盗、通风采光及装饰方面都形成了自己的独特风格。而这必须建立在对材料属性的充分理解之上。

对木材、石材、灰砖甚至泥土的选择，体现了人的生命存在与自然的亲和关系，以及重视材料对人的影响。特别是大量木材的应用，其天然属性对人是最适宜的，与中国传统哲学中对人的心性要求也是相吻合的。传统民居的立体构架以木结构为主，各种梁、柱、檐、椽等构件组成一个框架结构。在各种建筑材料中，木材的弹张性、柔韧性、温和性等物理属性及化学属性具有其他材料不可比拟的特性，而且其在构架拼装等结构方面的优点也为人们提供了合理的物质基础。更为重要的是，它同时又与中华文化理念和文化心态相关联。《周易》中就曾有“木道乃行”的认识，而“五行”“八卦”等理论，都反映了中华民族认识世界的方式，这种对立统一、相生相克、互相依存的认识论形成了一种文化理念和感觉模式，从而影响了中华民族重关系、重心性、重本体的选择心向。

而对木材的选择与体验，如木质的温和柔韧、木材的亲和性等，就是这种心性所致。择木为材更加符合人亲和自然的天性。

内蒙古地区的藏式建筑一般利用石、木、土及白灰等天然材料，而且当时这方面的技术手段已经相当成熟，并且适用于干燥少雨、木材较为缺少的山地。包头的五当召所选择的地理位置、自然生态环境都能够为这种技术手段提供物质基础。据考证，建造五当召的石材来自五当召南三公里处的毛忽洞，木材来自当地山里和乌拉特旗，白灰、沙子、黄土等天然材料在寺庙附近亦能找到。这样，便从物质基础上进一步加强了五当召选址于此的可行性。

内蒙古地区常见的砖瓦平房采用的是砖墙和瓦屋，以取代土坯墙和草屋顶，这样使房屋的坚固和耐久性能明显得以改善，但房屋防御寒冷的性能有所下降。

第三节　地域建筑构造技术的特性分析

内蒙古地区建筑在选址、用材、通风、采光、换气、排水等各方面都尽可能做到与环境协调，它所追求的环境意向，以崇尚自然和追求真实为最高目标，以得体合适为根本原则，以巧于因借为创造手法。单是对建筑材料的属性有充分的认识不足以说明可以取得良好的生态设计效果，在此基础上结合地区性的自然特点加以运用的建筑技术才是我们对其研究的价值关键所在。根据每种材料的性能来安排适当的用法或综合运用的具体技术是我们更应关注的重点。

一、建筑技术总体分析

内蒙古地区建筑既体现了用本地最经济的材料获得最大的舒适度，又体现了人与自然直接而又融洽的和谐关系，而且还留下了许多宝贵的传统建筑技术。传统建筑技术的特点是基本符合生态建筑标准的，通过对“被动式”环境控制措施的运用，在没有现代采暖空调技术、几乎不需要运行能耗的条件下，创造出了健康、相对适宜的室内外物理环境。因此，相对于现代城市建筑，内蒙古地区传统建筑具有一定的生态特性。

现代城市建筑为保证使用者的舒适性指标，在使用过程中往往采用附加能源以达到人工调节建筑内部环境的目的。由此带来的能耗，是建筑能源消耗的最大部分。因此，现代建筑节能的重点一般都放在减少采暖与降温的能源消耗上。建筑物的节能首先要增强围护构件的保温隔热性能。建筑保温隔热性能的增强，等于间接减少了不可再生能源的消耗，达到了可持续发展的目的。

然而，加强建筑保温性能的技术也有两条路可供选择，一是发展高新技术，二是从原生性较强的传统建筑中寻找答案。对传统建筑围护构件的保温隔热性能的分析，从现实意义上讲，更能将其研究成果尽快转化为现实效益；从经济上讲，也符合普通居民的承受能力。

二、藏传佛教寺庙的建筑技术特点

内蒙古地区藏传佛教寺庙的建筑技术特点具有很强的民族性、宗教性和地域性。

藏传佛教寺院或宫殿建筑的檐墙或院墙上常见一层或多层用柽柳做成的横向暗红色的宽饰带，这就是便玛墙。便玛是藏语，指的是一种灌木——柽柳，又称巴喀草。它是一种尊贵和最高权力的象征，仅可用于宫殿、寺院扎仓和佛殿之上，禁止用于僧房，更不可用于民间。五当召内的苏古沁殿、洞阔尔殿和当屹希德殿等殿上都设有便玛墙，而像却伊拉殿这样的一些殿堂，虽然上面没有便玛草，但是也涂以红土浆，从而达到相同的效果。

便玛墙是将便玛草的小枝扎成一手可握的小捆，铡齐，浸入红土浆中染成红色，晒干后，以切面向外层层叠在墙头，以直木棍插接在墙内。便玛草墙本身不承重，由其后部的墙体承重。由于便玛草直接外露，所以饰带呈一种毛茸茸的质感。由于便玛墙的做法已经成为一种定制，因此，又称之为“便玛草装饰母题”。

在便玛墙饰带上下，各有一条水平木枋，表面刻为一个个凸出的小圆饼形，黑底白饼，称为月亮枋，象征天上的星辰，比喻宗教的至高无上，与日月星辰同辉。而在檐墒便玛饰带上则又镶有铜皮镏金的梵文宝镜和金饼作为装饰，位置和大小略有不同（见图3-21）。

图3-21　便玛墙
图片来源：《内蒙古藏传佛教格鲁派寺庙——五当召研究》

作为纯粹藏式风格的寺庙，五当召没有所谓的汉式大屋顶，基本为藏族碉房式的建筑，因此，女儿墙之上就自然成了重点的装饰对象。如洞阔尔殿、却伊拉殿以及喇弥仁殿等建筑在大门处屋顶的构图中心上都设有相同的装饰主题——“二鹿听法”。这是一组由三个单独的部分构成的装饰，中间是铜质镏金法轮，两边各跪一头铜质金鹿，侧耳抬头，倾听佛法。三者皆位于倒覆莲座之上。五当召每个建筑的屋顶虽然都是典型的藏式平顶形式，但是，其上的这些铜质镏金法器都金光闪闪、造型生动且具有强烈的宗教风格，使整个建筑更显精巧、神圣。

图3-22　藏传佛教建筑的窗户
图片来源：《内蒙古藏传教格鲁派寺庙——五当召研究》

五当召建筑之上的窗户都带有一个略呈梯形的黑色窗框，藏语叫作“诺资”，是用掺有黑煤灰的泥土抹成的。这个窗框实际上是属于墙的，只是比其他墙面略微凸出一些，而且还是矩形的。这种装饰不分等级被普遍应用，它不仅加大了门窗的尺度，与建筑外墙向上收分的形式一致，而且还增强了建筑的庄严感和纪念性（见图3-22）。

在窗户之上还加有小雨篷，依靠两三层平椽逐层叠涩挑出，檐下略有坡度。雨篷之下还有织物装饰，一般较窄，随风飘扬，更有一种清秀、灵快的韵律。

建筑的室内外装饰都重点集中在梁柱节点和大门之上。柱顶之上设坐斗、通雀替，承托上面的梁枋，梁枋之上逐层出挑几层平椽。这里露明的柱头、梁枋、椽头等全部成了主要装饰的部件，将结构和装饰有机结合在一起，形成了和谐的整体。

三、蒙古包的构造技术特点

内蒙古地区的毡房，是一种从平面到立面形体都十分简洁的建筑，具有浓郁的地方空间形态特色。这种地域特色的空间形态的产生，得益于当地的传统环境控制技术。要适应当地的气候，建筑就要能够抗风、避寒，除了从材料的选择上注意结实、保暖外，

图3-23　蒙古包建筑

图片来源：课题组资料

在空间形态上更要注意应对草原上来自任何方向的风。毡房的空间形体无论哪面都呈圆弧形，对来自任何方向的风都能以最小的垂直于风的面积去接受，所以正面受力很小且能将局部受力均匀地传递到其他各部位分担，这样抗风力极强（见图3-23）。建筑的顶部则做成约42°的坡形，泄水迅畅，且抗风性强。

蒙古包主要由架木、苫毡、绳带三大部分组成。制作不用泥水、土坯、砖瓦，原料非木即毛，可谓建筑史上的奇观，游牧民族的一大贡献。

（一）蒙古包的架木

蒙古包的架木包括陶脑、乌尼、哈那、门框及支柱。

1. 陶脑

蒙古包的陶脑分联结式和插椽式两种，要求木质要好，一般用檀木或榆木制成。两种陶脑的区别在于：联结式陶脑的横木是分开的，插椽式陶脑的则不分开。联结式陶脑有三个圈，外面的圈上有许多伸出的小木条，用来连接乌尼。这种陶脑和乌尼是连在一起的。因为能将其一分为二，骆驼运起来十分方便。

2. 乌尼

乌尼通译为椽子，是蒙古包的肩，上连陶脑，下接哈那。其长短大小粗细整齐划一，木质要求一样，长短由陶脑来决定，其数量也要随陶脑改变。这样，蒙古包才能肩齐，形圆。乌尼为细长的木棍，椭圆或圆形。上端要插入或联结陶脑，头一定要光滑稍弯曲，否则造出的毡包容易偏斜倾倒。下端有绳扣，以便与哈那头套在一起。乌尼的粗细以哈那决定，一般卡在哈那头的Y形支口中，上端以正好平齐为准。乌尼一般由松木或红柳木制作。

3. 哈那

哈那是用数十根同样粗细、抛光后的木棍，用牛皮绳连接可以伸缩的网状支架。哈那有三个神奇的特性：

（1）伸缩性。高低大小可以相对调节，不像陶脑、乌尼那样尺寸固定。习惯上说多少个头、多少个皮钉的哈那，不说几尺几寸。一般有10个皮钉、11个皮钉等（指一个哈那）。皮钉越多，哈那竖起来越高，往长拉的可能性越小；皮钉越少，哈那竖起来越低，往长拉的可能性越大。头一般有14、15、16个不等。增加一个头，网眼就要增加，同时哈那的宽度就要加大。这一特点，给扩大或缩小蒙古包提供了可能性。做哈那的时候，是把长短粗细相同的柳棍，以等距离互相交叉排列起来，形成许多平行四边形的小网眼，在交叉点用皮钉（以驼皮最好）钉住。这样蒙古包可大可小、可高可矮。蒙古包若要高建，哈那的网眼就窄，包的直径就小；要矮建，哈那的网眼就宽，包的直径就大。雨季要搭得高一些，风季要搭得低一些。游牧民族四季游牧，不用为选蒙古包的地基犯愁，这样的房子是无可比拟的。哈那这一特性，决定了它装卸、运载、搭盖都很方便。

（2）巨大的支撑力。哈那交叉出来的Y形支口，在上面承接乌尼的为头，在下面接触地面的为腿，两旁与其他哈那绑的为口。哈那头均匀地承受了乌尼传来的重力以后，通过每一个网眼分散和均摊下来，传到哈那腿上。这就是指头粗的柳棍能承受两三千斤压力的奥妙所在了。

（3）外形美观。哈那一般用红柳制作，轻而不折，打眼不裂，受潮不变形，粗细相同，高矮相等，网眼大小一致。这样做成的毡包不仅符合力学要求，外形也匀称美观。

哈那的弯度要特别注意掌握。一般都有专门的工具，头要向里弯，面要向外凸出，腿要向里撇，上半部比下半部要挺拔正直一些。这样才能稳定乌尼，使包形浑圆，便于用三道围绳箍住。

4. 门框

哈那立起来以后，把网眼大小调节好，哈那的高度就是门框的高度。门由框定，因此蒙古包的门不能太高，人得弯着腰进。毡门要吊在外面。

5. 支柱

有8个以上哈那的蒙古包要顶支柱。蒙古包太大，重量增加，大风天会使陶脑的一部分弯曲。连接式陶脑多遇这种情况。有8~10个哈那的蒙古包要用4根柱子。蒙古包里，都有一个圈围火撑的木头框，在其四角打洞，用来插放柱脚。柱子的另一头，支在陶脑上加绑的木头上。柱子有圆形、方形、六面体、八面体等。柱子上的花纹有龙、凤、水、云多种图案。

（二）苫毡的裁制

苫毡由顶毡、顶棚、围毡、外罩、毡门、毡门头、毡墙根、毡幕等组成。

1. 顶毡

顶毡是蒙古包的顶饰，素来被看重。顶毡是正方形的，四角都要缀带子，它有调节空气进出、包中冷暖、光线强弱的作用。顶毡的大小，由正方形对角线的长度决定。裁剪时，以陶脑横木的中间为起点，向两边一拃一拃地来量，四边要用驼梢毛捻的线缭住，四边和四角纳出各种花纹，或是用马鬃马尾绳两根并住缝在四条边上，四个角上钉上带子。

2. 顶棚

顶棚是蒙古包顶上苫盖乌尼的部分。每半个像个扇形，一般由三到四层毡子组成。里层叫作其布格或其日布格。以陶脑的正中心到哈那头（半个横木加乌尼）的距离为半径，画出来的毡片为顶棚的襟，以半个横木画出来的部分为顶棚的领，把中间相当于陶脑大小的一个圆挖去，顶棚就剪出来了。剪领的时候，忌讳把乌尼头露出来。苫毡的制作讲究看吉日。

裁剪的时候，分前后两片，衔接的地方不是正好对齐的，必须错开来剪。这样才能防止雨水、风、尘土灌进去。里层苫毡在哈那和乌尼脚相交的地方必须包起来，这样外面的毡子就不会那么吃紧，同时也使蒙古包的外观保持不变。

顶棚裁好后，外面一层要镶边和压边。襟要镶四指宽、领要镶三指宽。两片相接的直线部分也要镶边。这样做可以把毡边固定结实，看起来也比较美观。

3. 围毡

围绕哈那的那部分毡子叫作围毡。一般的蒙古包有四个围毡。里外三层，里层的围毡叫作哈那布其，呈长方形。

围毡比哈那要高出一拃。围毡的领部要留抽口，穿带子。围毡的两腿上也有绳子。围毡外边露出的部分要镶边和压条。东北围毡和东横木相接的地方要压条。有压条的围毡要压在没压条的围毡上面。围毡的襟不压条，也不镶边。

4. 外罩

外罩在蒙古语中叫作胡勒图日格，是顶棚上披苫的部分，它是蒙古包的装饰品，也是等级的象征。

裁缝胡勒图日格的时候，其领正好和陶脑的外圈一般大。胡勒图日格的腿有四个，与乌尼的腿平齐。外罩的襟多缀带子。它的领和襟都要镶边。有云纹、莲花、吉祥图案，刺绣得非常美丽。胡勒图日格的起源很早，从前一般的人家都有，后来才变成贵族喇嘛的专利。

5. 门

门，原指毡门，用三四层毡子纳成。长宽从门框的外面来计量。四边纳双边，有各种花纹。普通门多白色蓝边，也有红边。上边吊在门头上。门头和顶棚之间的空隙要用一条毡子堵住，有三个舌（凸出的三个毡条），也要镶边和纳花纹。

（三）制作带子和围绳

蒙古包的带子、围绳、压绳、捆绳、坠绳等的作用是保持蒙古包的形状，防止哈那向外炸开，使顶棚、围毡不致下滑，在风中不会被掀起来。总之，它们对保持蒙古包的稳固坚定和延长寿命都有很大的作用。

1. 围绳

围绳是围捆哈那的绳子，用马鬃马尾制成，把马鬃马尾搓成六细股，三股左三股右搓成绳子，再用二、四、六根并排起来缝成扁的，分内围绳和外围绳。这种围绳的好处是能吃上劲，不伸缩。内围绳是蒙古包立架时，在赤裸的哈那外面中部捆围的一根毛绳。哈那的压力很大，内围绳的质量一定要特别结实。内围绳一旦断裂或没有捆紧，哈那就会向外撑出来，陶脑下陷，蒙古包就有倒塌的危险。外围绳捆在围毡外面，分上、中、下三根。围绳的颜色有的搭配得很好，搓出来是花的。外围绳不仅能防止哈那鼓出来，还能防止围毡下滑。

2. 压绳

立架木的时候，把赤裸的乌尼横捆一圈的绳子叫作压绳，也叫作带子，分内压绳和外压绳。内压绳在蒙古包内有4根或6根，也用马鬃马尾搓成，较细。这些压绳和乌尼压绳一样粗细，防止陶脑下陷或上翘，使蒙古包顶保持原来的形状。

外压绳分为普通8条压绳、网络带子和外罩带子三种。普通压绳比内压绳要粗，外压绳用在苫毡的外面。前面4根，后面4根。网络带子和普通压绳不同，套在顶棚上，从包四周像流苏一样垂下来。尤其是顶棚襟边的制作更为精致，垂下来缝压在围毡上。外罩带子是有外罩的蒙古包才有的。有外罩的毡包不用其他外压绳，外罩本身就起了包顶压绳的作用。外罩与其说是苫毡，不如说是压绳更准确。外罩脚上、领上钉的带子，将顶棚的襟、锅捆压得更妥帖，大风吹不起来。

3. 捆绳和坠绳

捆绳是把相邻两片哈那的口绑在一起，使其变成一个整体的细绳，用骆驼膝盖上的毛和马鬃马尾搓成。坠绳是陶脑最高点拉下的绳子。蒙古族人对这根带子分外看重，用公驼和公马的膝毛或鬃尾搓成，起大风时把坠绳拉紧，可以防止大风灌进来把毡房吹走。

（四）哈雅布琪

哈雅布琪是围绕围毡转一圈将其底部压紧进行封闭的部分。春、夏、秋三季主要由芨芨草（枯枝）、小芦苇、木头做成，冬天用毡子做成。暖季的哈雅布琪卷成一个圆棒形，无风天折起来放好，有风时围上。冬天用的哈雅布琪是将几层毡子摞起来，上面纳有花纹。

四、生土建筑的技术特点

经历了千百年形成的传统生土民居及其文化正面临变异与消亡的严重威胁，它们所蕴含的丰富的生态构筑经验也将随之消失。生土建筑的特有性能具有可承重兼保温隔热、透气、防火、低能耗、无污染、可再生的优点。传统的生土材料在原有的优点之上，也存在不尽如人意的弊端，如强度低、变形大、不耐水等性能，无法满足人们生活水平提高而提出的居住要求。乡村居住建筑所处的地域条件决定了可以用最小的资源消耗、最低的环境负荷、适宜的生活质量来保证生态特征体系的有效实现，所以以生土为主的建筑符合乡村居住建筑可持续发展的要求（见图3-24）。夯土建筑将人与自然、环境相互融合的生态特征是值得我们研究并学习的。

图3-24 克什克腾旗某民居建筑墙体

图片来源：课题组资料

（一）尊重建筑场所环境、适应当地气候

生土民居分布在这变化多姿的地貌中，充分利用地形，不扰动自然环境，注重地形特点，因材致用，所建民居既节地实用又具传统特色。

（二）最大限度节约能源

当建筑能耗成为能耗大户的时候，人们将目光转移到居住建筑能耗的组成分析上，提出了全寿命周期能耗的概念，包括建造初期的材料能耗、运输能耗、施工能耗、建筑物使用和维护能耗以及废弃时能耗。

以此为标准评价生土建筑时，其最突出的是满足能耗最低原则，充分体现在以下几方面：

（1）原料获取方面：采用天然土体，就地取材，避免了运输能耗的产生，尽量使用废渣，符合可持续发展的自然属性。

（2）生产能耗方面：采用非烧结技术和夯实工艺，尽可能零排放以减少能源和其他自然资源的消耗，符合可持续发展的科技属性。

（3）施工过程方面：简单易操作，施工能耗低，在科学指导下能达到要求。

（4）使用能耗方面：在很大程度上要归功于夯土材料特有的储热性质。生土建筑的厚度达到一定标准就保证了一定的热阻，使热量不致散失，具有冬暖特点，又因为重型夯土墙白天吸热、储热，晚上逐渐释放，具有夏凉特点。这样不仅大大节约了制冷取暖费用，而且可谓天然无尘加热、制冷体系。对于内蒙古这样气候寒冷的区域来说，由于夯土墙对室外气候反应缓慢，室内温度不会受大的影响，夯土墙仍具有提供舒适空间的性能。

（三）自然平衡的合理舒适环境

在生存不超出维持生态系统承载能力情况下改善人类的生活品质。合理舒适环境反映了人与居住环境之间，不需借助于过多的设施来获取，而是靠建筑空间与外环境保持一定关联的热平衡达到人体生理要求。夯土建筑以厚重型夯土材料作为围护结构，其优异的热稳定性给居住空间提供了适宜的、动态的热环境，使居住在夯土建筑中的人们在应对各种气候变化条件下，通过增减衣服，调节机能就能保持人与自然一致的生物节律，既克服了原始建筑的过度刺激，也避免了恒温环境造成的亚健康刺激，而且由土墙辐射得到的热比机械取暖更能使人体感到舒适，在降低舒适成本的前提下，证明了适度刺激的合理性。此外，厚重型的夯土墙还具有防火、隔声、呼吸与透气、无毒、无害的特性，满足了人的健康生存要求。

（四）取于自然而归于自然

生土材料在制造中完成了一个由自然土质到土体构件的形成过程，这在建筑物中只不过是其生态物质循环的一个环节，完成其生命周期后，可以回收利用，不会对环境造成危害，循环生产成本较低且无污染。

生土建筑建造的前提是利用自然环境中的山水、地形，就地取材，方便易得，但更重要的是可以充分利用地形优势，控制夯土建筑物理环境，如设计时可以尽量利用山丘地带，使自然风向集中在坡底，对建筑室内空气流动形成循环动力，起到自然调节空气流量的作用；注意利用山丘的合理方位，使太阳夏季以最小的高度角照射，冬季以最大的高度角照射。尤其是自然河道的水流可以通过合理的管道引入建筑内，既可解决生土建筑用水问题，又可避免山区洪灾的发生。

五、民间建筑技术的特点

建筑技术中还包含大量人们日常生活中使用的民间建筑技术手段，以下是根据调研和资料整理的具有北方民族特色的建筑技术手段。

（一）窗户纸

在玻璃尚未被发明出来以前，北方地区的人们就创造出了把“纸”糊在窗户外面的适应性技术。内蒙古地区冬天非常寒冷，室内全靠火炕来取暖，北方少数民族传统的火炕是环居室三面皆为炕，南北炕上都设有窗户以采光和通风。冬季，窗户内外的温差很大，如果把窗户纸糊在里面，窗外所结的冰霜遇热就会融化，水就会流到窗纸和窗棂结合处，如此不仅容易使窗纸脱落漏风，而且还会造成窗棂等建筑构件腐烂，影响使用寿命。

北方民间以前糊窗用的纸与今天的纸有所不同，俗称“麻纸”“麻布纸”“高丽纸”。《扈从东巡日录》中的“扈从东巡附录”记载：“乌喇无纸，八月即雪。先秋，捣敝衣中败苎，入水成毳，沥以芦帘为纸，坚如革，纫之以蔽户牖。”这种窗户纸并不是一般的纸张，它是一种有特别长的纤维的老纸，又粗又厚，上面再用胶油勒上细麻条，刷上桐油，无论是在草木的屋檐下，或是在檩瓦的屋檐下，都不怕雨水和潮气。雨水打在这样的窗纸上，都能顺利地淌下去，潮气打在上面，化成水珠，也无法浸到里边。这种老纸需经过特殊加工，其制作技术性很强。造纸用芦苇、蒲草棒、花麻、线麻和绳头子做原料。首先要把这些原料剁碎，剁碎后用碾子轧。第一遍要轧半天，然后开洗。洗料一定要干净，不然沾上灰后做出来的纸就发黑。为使料洗好，要在料槽里撒上生石灰，然后转动碾子，让料、石灰拌水走，这样才能洗净。洗挤约用4小时，料和水开始从有眼的碾子底淌入旁边的池子里。这时就可以用柳条筐把麻从池子里捞出来，控尽水，使碎麻成为筐样的一坨一坨的，然后把这些坨子抬到大锅上去蒸。这些麻坨子在锅上会摞很高，这时要一层一层、一摞一摞使劲用杠子轧水，使坨里的水分溢出，以便开锅时不透气，不跑气，全上气。完全凭经验来判断什么时候算蒸到火候。蒸完起锅，还得挑到碾子上去轧，和前面的方法相同。轧好了，放在池子里开搅。直搅到水像一池子豆腐脑一样，才开始“打线”。“线”是另一种池子，专门存放蒸好后又经过轧的那种料水。下到线里的水已是经打浆机打过疙瘩的了，如此才能进行下一道工序——打线。打线的人，手拿一个二尺半长、带弯、头上有磨茬的小棍，围在“线”（池子）旁“刷刷”“沙沙”地打线，固定一个线要打3600下。经过打线后的水要沉淀一夜，第二天才能开始捞纸。纸从池子里捞出来，在帘子上一张一张揭下，然后码在池子旁边，够一定数量就用“压马”压上。“压马”是利用杠杆原理制成的一种挤压工具，一头拴上大石头，使另一头增加压力，把压力过在另一头木板上，木板上是捞出的从帘子上揭下来的纸。这样一压，第二天早上纸基本就干了，但还是潮乎乎的，这时要用小车把这样的纸推到“风墙”里去。风墙是用立砖砌成的一个四尺宽的墙过道，上面用庄稼秸秸盖着，晾纸时，揭开上方的秸秸，让风和阳光透进来，再把纸一张一张贴在风墙的墙上，让其自然风干。

（二）火炕

火炕的产生是北方地区的人们对寒冷的气候环境的生态适应。据文献记载，自金代开始，北方女真族就已经使用火炕取暖、抗寒、除湿了。到近现代，内蒙古地区的民居中仍然以火炕为独特的标志。传统住房是三间或五间，坐北朝南，屋门在东端南面。因为这类房屋整体构造形如口袋，俗称“口袋房”。口袋房进门就是外屋，用来当厨房，筑有灶台。灶台内部用于燃烧燃料的空间叫作“灶膛”，灶膛与火炕内的烟道相连，因此，厨房用火时产生的热能，一部分用来烹调食物，一部分会通过烟道传给炕，把炕烘得火热，成了名副其实的“火炕”。

传统火炕内有5条宽约20cm的烟道，这5条烟道是由4行泥坯墙隔开形成的，泥坯墙用泥坯垒砌而成，高约40cm。4道泥坯墙垒好后就开始在墙头与墙头之间用泥砖横搭炕面，砖缝之间要灌入泥浆封好，这时的火炕初显雏形。接下来要在炕面砖的表面铺两层泥，第一层夹以3～5寸（1寸约等于3.3m）长的干草，铺在砖面上，泥的平均厚度约1cm，同时要保持炕面的平整。铺泥的目的不仅是平整炕面，更重要的是封闭烟道，防止烟尘从炕面中漏出；加干草的目的是加固这层泥板，对于烧干后的泥板来说，这一根根轫草就成了一条条“筋络”，把整个泥板牢牢连接在一起。第一层泥板铺好后，要在灶膛中升火，热烟顺着烟道奔向烟囱外，同时也把热量传给火炕，将火炕的湿泥烘干，这时还要查看是否有漏烟处。第一层泥板被烘干八九分后，就要开始铺第二层泥板了。铺第二层泥板的工序、厚度与第一层相同，但要和以细沙，使泥板更结实。把这层泥板抹平、烘干后，火炕就完成了。这一过程被称为“盘炕”。

火炕上铺炕席或炕被就可以使用了。要火炕“好烧”还不止上述的技术，盘炕有“七行灶台、八行炕”之说，即一般情况下，火炕是八块砖的高度，而灶台为七块砖的高度。这是因为烟是向上飘的，这个高差就会牵引着灶膛里的热烟向烟道走，然后顺着烟道沿着更高的烟囱飘到室外。有人可能会想问，如果遭遇大风雪，会不会出现风雪从烟囱中灌进来、通过烟道倒吹进灶膛的现象，这个问题采取些技术手段就可以解决。火炕一共有三个通口，第一个通口是向灶膛中输入燃料的，第二个通口是灶膛和灶内烟道的连接口，第三个通口是炕内烟道和烟囱道的通口。灶膛中通过燃烧柴火产生的热烟就通过第二个通口排入火炕，从第三个通口排出。在烟囱道底部平面以下，还要挖一个深坑，作用是让冲进来的大风直接砸到深坑中，而不是直接灌入第三个通口。此外，还要在第三个通口斜搭一块铁板，只露出洞口的3/5，这样的斜台既不妨碍热烟气顺着斜坡爬出洞口，又能阻挡从外面来的微风细雪。外面的寒气也不能从烟囱进来，火炕中的热气使得炕中压强比户外高很多，寒气不等进入就被热气顶出去了。

从生态学的视角审视火炕的生态价值。首先，火炕的主要建筑材料是随处可取的自然资源——泥土；其次，烧火炕和做饭是同步的，在每天做饭的同时，大部分热量能够输入火炕，能源被充分利用；再次，火炕需要每隔几年清理一次炕土，清理出来的炕土是上等的庄稼肥料，可谓一能多用。

如果把墙壁砌成中空的，与烟道相通，那么这道墙和火炕同理，被称为“火墙”。在特别寒冷的地区也比较适用。

传统火炕可以改进成为节能炕，又称为吊炕，这种炕能够解决普通炕耗能高、散热量小的问题。传统的火炕搭建在地面上，炕洞过深（地面距离炕面的高度很大），要烧较多的柴火才能把炕烧热，而节能炕的出现很好地解决了这个问题。节能炕是将炕的下表面向上升起，距地面20cm左右，用预制混凝土板作为底面面板，下面用红砖叠砌架起，比传统火炕多了一个底面（见图3-25）。这种做法的优点在于：降低了炕洞的高度，使热量集中，用少量的柴火就能把炕烧热；节能炕的底面也成为散热面，增大了炕的散热面积，有利于室温的提高；这种做法更符合空气动力学的原理，使柴火能更充分地燃烧，消除了冒烟的现象；炕下面的空间可以作为储藏鞋

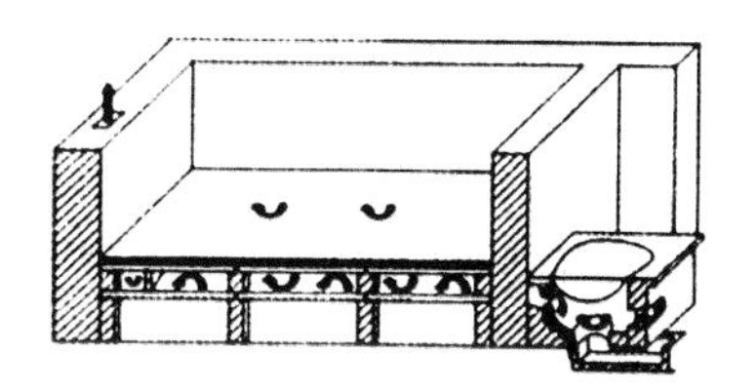

图3-25　吊炕原理

图片来源：《生态建筑节能技术》

图3-26　吊炕实例
图片来源：《生态建筑节能技术》

的空间，使室内更整洁，增强了室内的秩序感（见图3-26）。

利用新技术改造火炕，形成一种新型的采暖系统——太阳炕系统。利用太阳能低温地板辐射采暖的原理，采用吊炕的空间结构，在预制混凝土板上部设聚苯乙烯保温层和铝箔反射层，加强太阳炕的保温性能。将热水盘管敷设在结构层中，结构层采用泡沫水泥植物纤维复合板。太阳炕系统是将太阳能集热系统技术、低温地板辐射采暖技术和相关配套技术通过管路和阀门的设置有机结合，实现采暖和生活热水的双联供。

建筑大师路易斯·康从非洲回来后曾说过，他看到许多茅屋，几乎全都一样，但也全都好用，而那里没有建筑师。他为此很感动，觉得人类竟可以如此聪明地解决太阳、风雨的问题。然而，在现今技术发达的国度，任何地区的住宅都需要空气调节设备，建筑师有意地忽略天然条件，而那些解决冷、热、干、湿的时髦办法常常解决不了问题，房子变为非有空调不可，有时机器设备的价钱比房子还要贵。虽然拥有若干机器设备，但是房子的隔热效果还是越来越差。

内蒙古地区特有的气候特点使得传统建筑的气候特征很明显。无论是选址的生态性、建筑材料的生态性，还是建筑中的采暖设施如火炕、火墙、火地、壁炉的设置，都是以适应寒冷的气候为主要建造原则，体现出与自然的共生。

第四章

绿色建筑评价标准解析

第一节 绿色建筑评价标准的分析和研究

一、绿色建筑评价标准及其评价方法

系统地评价一个建筑单体是否达到可持续发展的要求，需要明确的评价体系，以定量的方式检测建筑所达到的生态环保效果，用量化指标来衡量建筑建成后的环境性能实现度。一部优秀的绿色建筑评价标准不仅可以指导、检验绿色建筑实践的好坏，同时也为建筑市场提供制约和规范，促使在建筑的设计、运行、管理和维护过程中更多考虑环境因素，引导建筑向节能、环保、健康、舒适和讲求经济效益与环境效益的轨道上发展。任何绿色建筑政策必须建立于一部完善的绿色建筑评价标准之上，才可得到顺利推广。

20世纪90年代，应绿色建筑研究之需，各国大力研究绿色建筑评价标准，步入21世纪，全球绿色建筑评价标准研究已有丰硕成果，截至2006年，国际上各种绿色建筑评价标准已接近20多个（见表4-1）。

由表4-1可以看出，各国的绿色建筑评价标准发展状况、历史时间、研究状况都有所不同，但还是可以从其条例细则和实践中分析出它们的共同点：所有的绿色建筑评价标准都关注可持续建筑设计，关注减少建筑给自然环境、社会环境所带来的危害；各标准都具有明确清晰的条例和框架体系，可以将建筑的可持续发展和评价标准联系起来并进行精确的量化分析，为绿色建筑的认证提供清晰和公正的指导；评价的数据和方法都向公众公开，任何人都可以通过评价机构的网站或其他途径了解并使用；评估认证一般都由各评价机构的专家委员会负责，程序高度透明；评估不带有强制性，但重视评估的权威性和公正性；所有的评价标准都在不断发展、完善和更新中。

表4-1　国际现行绿色建筑评价标准简析

年份	国家	评价方法	评价内容（所考虑的环境）	成功之处	缺陷	参考网站
1990	英国	《生态建筑环境评估》（BREEAM）	建筑性能、设计建造和运行管理。健康和舒适、能源、运输、水、原材料、土地使用、地区生态	对建筑全生命周期环境进行考察，架构透明、开放，易于理解和接受	没有考虑地域性问题；评估过程复杂	http://www.breeam.com/
1995	美国	《绿色建筑评估体系》（LEED）	可持续场地选择，水源保护和有效利用水资源，能源与环境，材料和资源，室内环境质量	评定标准专业化，评定范围完善，评估体系简洁，便于理解、把握和实施评估，受到了市场的认同	未对建筑全生命周期的环境影响作出全面准确的考察	http://www.usgbc.org/LEED
1998	加拿大	《绿色建筑挑战2000》（GB Tool）	资源消耗、环境负荷、室内环境质量、服务质量、经济性、使用前管理、社区交通	具有很强的地方灵活性和适应性	内容十分细致，操作也较为复杂	http://www.gbc.ca
2001	日本	《建筑环境效益综合评估》(CASBEE)	评价建筑的品质和对资源、能源的消耗及对环境的影响。	引入建筑环境效率BEE，评价结果变得简洁、明确	Q和L类指标相关性的不均衡会影响评价的公平性	http://www.ibec.or.jp/CASBEE
2001	澳大利亚	NABERS	对建筑运转过程中有关可持续发展的各因素进行评估	以建筑实际运转情况为基础，不对未建成的建筑进行预测和估计性的评价，强调建筑的实际使用效果		
2006	德国	DGNB可持续性建筑评价体系	提出系统计算和评价建筑全寿命周期碳排放量的评价体系	对于城市区域尺度的评价涵盖办公、商业、行政等其他功能。而对于城市区域的全寿命周期碳排放也提出了系统的计算方法和评价模式		

二、我国现行绿色建筑评价标准及其发展

与西方发达国家相比，我国的绿色建筑评估体系还处于起步阶段，理论水平以及实践都存在较大差距。国家大力提倡建筑节能是在20世纪80年代以后，有关建筑节能的系统研究还处于初期阶段，但在公共建筑节能的评价上也取得了重要成果。我国关于公共建筑的评价体系主要有《绿色奥运建筑评估体系》《绿色建筑评价标准》等。

（一）《绿色奥运建筑评估体系》

《绿色奥运建筑评估体系》研究课题于2002年立项，历时14个月完成，是国内第一部有关绿色建筑的评估体系。评估体系采取全程监控、阶段评估，评价指标分为“建筑环境质量和为使用者提供服务的水平”及“能源资源和环境负荷的付出”两大类[①]，这种分类揭示出了建筑建设过程中人们在获取健康舒适的室内居住环境与占用能源资源、影响环境间的矛盾，评估体系指出绿色建筑以最低的能源、资源和环境负荷得到最优的环境质量，并为使用者提供水平较高的服务。

依照全过程监控、分阶段评估的指导思想，并根据我国建设项目实施过程的特点，把绿色奥运建筑评估过程分为规划、设计、施工和验收与运行管理四个评估阶段。每个阶段都分别从室内外环境质量、水资源、材料资源、能源等方面制定了具体的内容标准，每个过程的评估都要达到绿色建筑的最低标准，才能进行下一个阶段的设计施工要求。这样分阶段的评估方法符合我国建筑项目的运营管理模式[②]。

---

① 朱颖心.绿色奥运建筑评估与绿色建材评价节选（三）[J].中国建材，2005（7）.

② 孙立新，闫增峰，杨丽萍.西安市公共建筑能耗现状调查与分析[J].建筑科学，2008.

（二）《绿色建筑评价标准》

1. 产生背景

为了实现我国建筑业的可持续发展以及建立资源节约型社会，我国建筑科学研究院、清华大学、国家给水排水工程技术研究中心等多个单位参加了《绿色建筑评价标准》的编制工作。建筑活动消耗大量能源资源，并对环境产生不利影响，能源资源消耗总量逐年迅速增长。在我国发展绿色建筑，是一项意义重大而又十分迫切的任务。借鉴国际先进经验，建立一套适合我国国情的绿色建筑评价体系，制订并实施统一、规范的评价标准，反映建筑领域可持续发展理念，对积极引导大力发展绿色建筑具有十分重要的意义。

2. 指标体系

《绿色建筑评价标准》公共建筑部分的评价体系包括六个方面，即节地与室外环境、节能与能源利用、节水与水资源利用、节材与材料资源利用、室内环境质量和运营管理，由2019年8月1日开始实施的《绿色建筑评价标准》重构了绿色建筑评价指标体系；调整了绿色建筑的评价阶段；增加了绿色建筑基本级；拓展了绿色建筑内涵；提高了绿色建筑性能要求。主要技术内容分别是：基本规定、安全耐久、服务便捷、健康舒适、环境宜居、资源节约和管理与创新。其中旧版规范中占重要地位的“四节”在新规范中资源节约部分。

我国各地区在气候、环境、资源、经济、社会发展水平与民俗文化等方面都存在较大差异；而因地制宜又是绿色建筑建设的基本原则。对绿色建筑的评价，也应综合考虑建筑所在地域的气候、环境、资源、经济及文化等条件和特点。建筑物从规划设计到施工，再到运行使用及最终拆除，构成一个全寿命周期，《绿色建筑评价标准》基本实现了对建筑全寿命周期内各环节和阶段的覆盖。建筑所在地区的自然气候、人文环境以及建筑类型的不同，一般项中符合条件的项数可能会减少，要根据当地的人文、气候条件来判定规范中符合当地条件的项数，《绿色建筑评价标准》中对此也做了规定，一般项与优选项的要求可以按照比例来进行调整，定性的条款评价比较简单，定量的条款评价则要求由有资质的第三方机构通过查阅文本资料来进行认定。

三、《绿色建筑评价标准》的框架设计

《绿色建筑评价标准》框架体系的优点在于：结构简单清晰，宜于使用者了解掌握，便于市场的快速推广。但同时存在以下弊端：缺乏对建筑性能的总体量化评价；缺乏对不同地域及建筑的适宜性调整；重视建筑使用一年后的能耗评价，有些忽视建筑设计阶段的综合评价；《绿色建筑评价标准》框架体系的上述弊端会直接导致以下情况的发生。

（1）使用者为了通过绿色建筑评价，对某些绿色建筑评价项的实施只是为“手段而手段”，并不重视其目标、性能与综合效益，甚至有些技术手段是为了绿色建筑评价达标而虚设。

（2）使用者没有经过对地域环境及具体建筑特点的综合分析，因地制宜地确定绿色建筑的综合目标规划，而仅是盲目地逐条套用规范。

《绿色建筑评价标准》规定绿色建筑的评价应在其投入使用一年后进行，侧重于评价建筑的实际性能和运行效果。根据绿色建筑发展的实际需求，结合目前有关管理制度。《绿色建筑评价标准》（GB/T 50378—2019）充分贯彻党的十九大精神，以“四节一环保”为基本约束，以“以人为本”为核心要求，升级指标体系，中心构建了绿色建筑的评价指标体系。

其优点体现在：

（1）符合目前国家新时期鼓励创新的发展方向。

（2）指标体系名称易懂，普通百姓、建筑使用者容易理解和接受。

（3）指标名称体现了绿色建筑关注新时期人们所关心的问题，能够提高人们的可感知性和获得感。每类指标均包括控制项和评分项。评价指标体系还统一设置加分项。控制项的评定结果应为达标或不达标；评分项和加分项的评定结果为分值。

然而，设计评价也并不会因为与运行评价相比不够全面而失去意义和价值。首先，设计评价涉及的这些“绿色措施”经过理论和实践证明是有效的，措施得力在很大程度上保证效果明显。其次，设计评价是一个先行的评价，可以提前发现问题，有助于解决问题和改进提高。最后，从实施的层面看，设计评价要比运行评价更容易大范围开展。设计评价和运行评价是相辅相成的，设计评价更易实现，运行评价更加全面。前期通过设计评价的绿色建筑，后期开展运行评价会简单得多。而通过设计评价但没有开展运行评价的绿色建筑，只要在建造和使用过程中完完全全地落实和执行通过设计评价的各种“绿色措施”，其绿色程度或效果也是有很大保证的。故作者结合内蒙古地区绿色建筑尤其是绿色公共建筑的发展初期，着重论述《绿色建筑评价标准》中设计评价的要求，力求提高内蒙古地区开发商、建筑师以及广大民众对绿色建筑的积极性。

四、《绿色建筑评价标准》的等级划分与权重设置

（一）阶段划分

绿色建筑评价指标体系在充分借鉴国内外先进

经验的基础上，结合我国的具体国情，以“四节一环保”为基本约束，遵循以人民为中心的发展理念，从而构建了新的绿色建筑评价指标体系。绿色建筑评价指标体系应由安全耐久、健康舒适、生活便利、资源节约、环境宜居五类指标组成，五类指标同等重要。

评分项的评价，依据评价条文的规定确定得分或不得分，得分时根据需要对具体评分子项确定得分值，或根据具体达标程度确定得分值。加分项的评价，依据评价条文的规定确定得分或不得分。本标准中评分项的赋分有以下几种方式：

（1）一条条文评判一类性能或技术指标，且不需要根据达标情况不同赋以不同分值时，赋以一个固定分值，该评分项的得分为 0 分或固定分值，在条文主干部分表述为“评价分值为某分”。

（2）一条条文评判一类性能或技术指标，需要根据达标情况不同赋以不同分值时，在条文主干部分表述为“评价总分值为某分”，同时在条文主干部分将不同得分值表述为“得某分”的形式，且从低分到高分排列，如对场地年径流总量控制率采用这种递进赋分方式；递进的档次特别多或者评分特别复杂的，则采用列表的形式表达，在条文主干部分表述为“按某表的规则评分”。

（3）一条条文评判一类性能或技术指标，但需要针对不同建筑类型或特点分别评判时，针对各种类型或特点按款或项分别赋以分值，各款或项得分均等于该条得分，在条文主干部分表述为“按下列规则评分”。

（4）一条条文评判多个技术指标，将多个技术指标的评判以款或项的形式表达，并按款或项赋以分值，该条得分为各款或项得分之和，在条文主干部分表述为“按下列规则分别评分并累计”。

（5）一条条文评判多个技术指标，其中某技术指标需要根据达标情况不同赋以不同分值时，首先按多个技术指标的评判以款或项的形式表达并按款或项赋以分值，然后考虑达标程度不同对其中部分技术指标采用递进赋分方式。

可能还会有少数条文出现其他评分方式组合。本标准中评分项和加分项条文主干部分给出了该条文的“评价分值”或“评价总分值”，是该条可能得到的最高分值。各评价条文的分值，经广泛征求意见和试评价后综合调整确定（见表4-2）。

表4-2　绿色建筑评价分值

项目	控制项基本分值	评价指标评分项满分值					提高与创新加分项满分值
		安全耐久	健康舒适	生活便利	资源节约	环境宜居	
预评价分值	400	100	100	70	200	100	100
评价分值	400	100	100	100	200	100	100

资料来源：《绿色建筑评价标准》。

（二）权重设置

绿色建筑评价的总得分应按下式进行计算：

$$Q=(Q_0+Q_1+Q_2+Q_3+Q_4+Q_5+Q_A)/10$$

式中　Q——总得分；

Q_0——控制项基础分值，当满足所有控制项的要求时取400分；

$Q_1 \sim Q_5$——分别为评价指标体系5类指标（安全耐久、健康舒适、生活便利、资源节约、环境宜居）评分项得分；

Q_A——提高与创新加分项得分。

绿色建筑划分应为基本级、一星级、二星级、三星级四个等级。当满足全部控制项要求时，绿色建筑等级应为基本级。绿色建筑星级等级应按下列规定确定：

（1）一星级、二星级、三星级3个等级的绿色建筑均应满足本标准全部控制项的要求，且每类指标的评分项得分不应小于其评分项满分值的30%。

（2）一星级、二星级、三星级3个等级的绿色建筑均应进行全装修，全装修工程质量、选用材料及产品质量应符合国家现行有关标准的规定。

（3）当总得分分别达到60分、70分、85分且应满足《绿色建筑评价标准》（GB/T 50378—2014）中表3.2.8的要求时，绿色建筑等级分别为一星级、二星级、三星级。

第二节　内蒙古地区对《绿色建筑评价标准》的要求

一、内蒙古地区气候状况

内蒙古地区地域广阔，地形复杂，气候多样，所辖地域呈狭长状，由东北向西南斜伸。该区纬度在37°～53°，由于纬度较高、高原面积大等因素，内蒙古地区为温带大陆性季风气候，即春季多大风天气；夏季短促温热，降水集中；秋季干燥，气温降低；冬季严寒漫长。全年降水量少，呈由东北到西南递减状，年降水量多在200～400mm。内蒙古地区太阳能资源丰富，居全国第二位，仅次于西藏。内蒙古地区是我国风能较丰富的地区，全区年平均风速在1.8～5.5m/s，有效风能出现的时间达70%，风能一年四季均可利用。

由于特殊的地理位置及气候环境，内蒙古大部分地区的生态环境较恶劣、脆弱，再加上长期的环境掠夺式发展，该区的自然生态环境进一步恶化。目前，土地荒漠化虽然在积极的生态治理下已有较大成效，但草场的退化仍在扩展，使得近年来沙尘暴频繁发生，黄河与西辽河流域段每年水土流失近3亿吨，同时，泥沙淤积河床，加剧河流断流这一系列现象表明，保护环境，走人与环境可持续发展之路是内蒙古地区生存与发展的唯一途径。

二、内蒙古地区对发展绿色建筑的意见

近年来，在内蒙古自治区政府的正确领导下，建筑节能工作取得了可喜成绩。新建建筑执行节能设计标准情况、既有居住建筑供热计量及节能改造工作、可再生能源建筑一体化应用、大型公共建筑节能监管平台建设、节约型校园建设都走在全国的前列，并且在标准评价方面，制定了“内蒙古自治区居住、公共建筑节能标准”。而绿色建筑的发展在内蒙古地区尚处于起步阶段，绿色建筑的数量和覆盖范围仍需进一

步扩大。因此，内蒙古地区结合国家的相关意见《国务院关于印发“十三五”节能减排综合工作方案的通知》（国发〔2016〕74号）出台了一系列政策来鼓励内蒙古地区绿色建筑的发展。

（1）建立健全绿色建筑标准规范及评价体系，引导绿色建筑健康发展。尽快完善绿色建筑标准体系，制定绿色建筑规划、设计、施工、验收、运行管理及相关产品标准、规程。加快制定适宜内蒙古地区公共建筑的绿色建筑评价体系。研究制定绿色建筑工程定额及造价标准。

（2）建立高星级绿色建筑财政政策激励机制，引导更高水平绿色建筑建设。首先建立高星级绿色建筑奖励审核、备案及公示制度。对达到二星级及以上的绿色建筑项目进行汇总上报，专家委员会对申请项目的规划设计方案、绿色建筑评价标识报告、工程建设审批文件、性能效果分析报告等进行程序性审核，对审核通过的绿色建筑项目予以备案。然后对高星级绿色建筑给予财政奖励。对经过上述审核、备案及公示程序，且满足相关标准要求的二星级及三星级绿色建筑给予奖励。奖励标准将根据技术进步、成本变化等情况进行调整。

（3）建立完善的推广政策。内蒙古自治区住房和城乡建设厅代表自治区人民政府与各盟市签订发展绿色建筑责任状，明确绿色建筑发展目标，并设立“鲁班奖”“广厦奖”“华夏奖”“草原杯”等奖项，对获得绿色建筑标识的项目，实行优先入选或优先推荐上报；取得三星级绿色建筑评价标识的城市配套费减免100%，取得二星级绿色建筑评价标识的城市配套费减免70%，取得一星级绿色建筑评价标识的城市配套费减免50%。

（4）强化产品技术支撑。内蒙古地区尽快出台符合地区现状的绿色建筑评价标准等标准规范，明确绿色建筑规划、设计、施工、竣工验收、评价、使用、拆除等环节的技术要求。引进国外绿色建筑新技术、新工艺、新材料、新设备，并加以消化吸收，着力提高绿色建筑的技术含量。

三、内蒙古地区发展绿色公共建筑的意义

绿色公共建筑是综合性的立体环保工程，从生态学的角度来看，它以可持续发展理念为指导，以不破坏自然生态平衡为宗旨，以达到节能环保的要求。从社会的角度来看，它是在全球可持续发展的前提下提出的。绿色公共建筑是实现可持续发展，实现我国资源节约型社会的必由之路。从经济的角度来看，绿色公共建筑是经济社会发展到一定阶段的产物，在绿色公共建筑的整个生命周期内，应考虑以最低的能源消耗来获得最佳利益。无论是从生态角度来看，还是从社会和经济角度考虑，绿色公共建筑都考虑到人的各种需求，包括心理需求和行为需求，也就是说，绿色公共建筑强调人文，具有人文意义。

（一）绿色公共建筑的生态意义

现如今，环境污染和生态破坏已成为全球问题，公共建筑作为公共场所，供人们从事各种公共活动，其在建设和使用过程中，消耗着大量的资源和能源，而节约资源和保护环境正是绿色公共建筑的两个主要内容。据调查分析，面积小且不使用中央空调的普通公共建筑的电耗是住宅的20倍；面积大的封闭且采用中央空调的大型公共建筑的电耗要高达住宅的10～15倍①。因此，推广绿色公共建筑对于自然资源和保护环境具有重要的意义。

---

①　薛志峰.公共建筑节能[M].北京：中国建筑工业出版社，2007.

（二）绿色公共建筑的社会意义

绿色公共建筑涉及的科学内容非常丰富，包括社会科学与自然科学，不仅仅是这些自然科学发展的产物，也是人类思想意识、价值观念、管理制度、政策法规、决策关系等方面综合作用的产物。绿色公共建筑的发展，使人们对自然界和环境问题的认识落到实处，是可持续发展理念在建筑领域的具体应用。而要实施和推广绿色公共建筑，不仅要依赖于人们自身意识的提高，更要依赖于社会的支持和相关法律、政策等的约束。要借助于一定的技术手段来实施和推广绿色公共建筑，从绿色公共建筑的规划、设计到施工及最终的运营和回收利用，都需要在科学技术上不断改进，并采用先进的节能技术。因此，绿色公共建筑的实施和推广既对高新技术的发展产生依赖，又对科学技术的进步起到推动作用。

（三）绿色公共建筑的经济意义

在追求绿色公共建筑的生态意义和社会意义的同时，还要使其经济发展处于可承受范围之内，来实现绿色公共建筑的生态效益、社会效益和经济效益的统一。在绿色公共建筑的全寿命周期内，要尽力节省建筑全寿命周期各个阶段的费用，因而更要注重资源利用的效率。

（四）绿色公共建筑的人文意义

绿色公共建筑强调“以人为本”的设计理念，为人类服务，满足人的各种需求，包括心理、生理、行为需求等。绿色公共建筑“以人为本”的优化设计可以创造出一种具有亲和力的公共空间，使人觉得清新、舒适、愉悦、惬意。公共建筑的功能不同，所追求的意境也不同，加上绿色公共建筑的艺术性、社会性及精神文化等因素的不同，会直接对人的心理感受产生影响，甚至影响人的心理健康，最终影响人的身体健康。绿色公共建筑是“有生命”的物质艺术形式，是文化的载体，其造型艺术既继承历史文脉，又具有时代风貌。

四、内蒙古地区发展绿色公共建筑的特点

综上所述，对于发展绿色公共建筑，内蒙古地区具有以下几方面突出的地域特点：

（1）地域面积大，地形复杂，地理环境及气候差异显著，自然环境差，且恶化严重；但内蒙古地区的太阳能、风能、生物质能等可再生能源较丰富，遗憾的是这些能源的利用率并不高。国家能源局印发了《关于可再生能源发展“十三五”规划实施的指导意见》，指出，到2020年，非化石能源占一次能源消费总量的比重达到15%左右，到2030年达到20%左右。截至2015年，这一比重仅为12%。

（2）内蒙古的社会经济发展速度快，但仍处于相对粗放式发展模式，导致其相关设备材料的生产成本以及能耗排放过高。城市居民人均生活水平相比东部沿海地区还较低，且地区间贫富差距明显。

（3）地域文化的特征明显，建筑以及人文地域特点鲜明，但是包括开发商、建筑设计师、使用者在内，尚未树立起普遍的绿色建筑的环保节能意识，观念滞后，并且建筑师的设计意识在创建绿色建筑方面较为淡薄。

（4）高速的城市化进程推进了城市基础设施建设，其中，城市公共建筑投资力度大，建设速度快；公共建筑中的能源利用率较低，建筑内部的许多可再利用资源还能够再利用，例如一些空调排风的余热余冷等应该回收再利用，若直接排放掉，不但会造成能源的浪费，也会对建筑物周围的环境造成破坏。

（5）建筑业的发展水平相对滞后，人们对可持续

及绿色节能建筑的认识还不足，建筑建成后的运行管理水平就更加不到位，以致进一步加剧了建筑物的能耗，绿色建筑发展缓慢。

第五章

《绿色建筑评价标准》的评价内容及地区适宜性

第一节　评价标准概论

评价指标是评价体系的灵魂。《绿色建筑评价标准》在充分借鉴国内外先进经验的基础上，提出了适宜我国绿色建筑发展的评价体系，且繁简适中、清晰明确，便于使用者分析解读。但是在多年的实践中，2006年版《绿色建筑评价标准》评价体系也存在不小的问题：其一，权重指标设置仅作定性分析，没有具体的定量分析，评价容易主观；其二，指标评价项较宏观，不能切实体现内蒙古地区独特的自然、人文特点对绿色建筑的特殊要求；其三，对于内蒙古地区绿色建筑发展相对滞后的区域，应适当降低地区绿色建筑的参评门槛，激励潜在目标参评的积极性。

因此本章综合借鉴《绿色建筑评价标准》（GB/T 50378—2014）的内容，其最大的特点是将指标进行量化，加入了施工管理项的评价，并对绿色建筑分两个阶段进行评价，这样的改进更能激励我国绿色建筑的发展，使更多的人参与进来，并且更加客观的评价绿色建筑，达到真正意义上的“绿色”。新版《绿色建筑评价标准》（GB/T 50378—2019）由于评价体系完全不同，涉及的方面更广，内容更全面，而笔者研究该标准时，尚未出台新标准，故研究适宜内蒙古地区的绿色建筑评价体系是基于《绿色建筑评价标准》（GB/T 50378—2014）编写而成的。

综上所述，本章结合《绿色建筑评价标准》（GB/T 50378—2014）的内容对我国绿色建筑包括办公楼、商场、旅馆等九大类公共建筑及居住建筑在内的民用建筑的七大类指标体系进行评价，分别从：①节地与室外环境；②节能与能源利用；③节水与水资源利用；④节材与材料利用；⑤室内环境质量；⑥施工管理；⑦运营管理。这七大类评价指标在《绿色建筑评价标准》的基础上加入了施工管理项，使得七大类指标能够全面科学地反映建筑的绿色性。每类指标均包括控制项和评分项，将一般项改为评分项，使得指标体系更加量化，评价更加准确、合理、充分。每类指标的评分项总分为100分。为鼓励绿色建筑的技术创新和提高，评价指标体系还统一设置创新项，每项符合条件加一分。评价指标体系七类指标各自的评分项得分Q_1、Q_2、Q_3、Q_4、Q_5、Q_6、Q_7按参评建筑的评分项实际得分值除以理论上可获得的总分值计算。理论上可获得的总分值等于所有参评的评分项的最大分值之和。评价指标体系七类指标评分项的加权得分率应按式（5-1）计算，其中权重w_1~w_7按表5-1取值，权重分为设计评价、运行评价两类公共建筑分项指标权重。

$$\Sigma Q = w_1Q_1 + w_2Q_2 + w_3Q_3 + w_4Q_4 + w_5Q_5 + w_6Q_6 + w_7Q_7 \tag{5-1}$$

表5-1 绿色建筑分项指标权重

公共建筑	节地与室外环境 w_1	节能与能源利用 w_2	节水与水资源利用 w_3	节材与材料资源利用 w_4	室内环境质量 w_5	施工管理 w_6	运营管理 w_7
设计阶段	0.16	0.28	0.18	0.19	0.19	—	—
运营阶段	0.13	0.23	0.14	0.15	0.15	0.10	0.10

资料来源：参考《绿色建筑评价标准》（GB/T 50378—2014）

从表5-1中可以看出，在设计评价时，施工管理和运营管理这两类指标不参与设计评价。绿色建筑评价等级分为一星级、二星级、三星级三个等级。三个等级的绿色建筑都应满足该标准所有控制项的要求，且每类指标的评分项得分不应小于40分。对比国内外的绿色建筑评估体系看，在指标体系的设置方面，《绿色建筑评价标准》（GB/T 50378—2014）几乎已涵盖了国内外对于建筑绿色性评价的主要方面，并且针对我国地少人多、人口密集的特点加入了对节地方面的要求，从而可以更切实全面地评价我国绿色建筑的水平。对于内蒙古地区绿色建筑的评价，为了保证其科学性以及与国家标准的一致性、地区间的可比性，宜采用与国家标准相同的指标体系，只需因地制宜地适当调整各大指标体系的具体评价项，以期符合地区实际。

第二节 节地与室外环境

一、标准解读

我国的领土面积位居世界第三位，仅次于俄罗斯和美国，但是约25%的土地难以使用，大量的土地处于沙漠、戈壁、高山等地区。我国可耕种的土地面积为12761.58万公顷，且呈递减状态，这样的土地压力可想而知。绿色建筑“空间”上的全面审视决定了绿色建筑评价不仅要考虑建筑本身与内部，还要考虑建筑与周围环境及城市发展间的关系，官方统计资料显示，2018年我国城镇人口占总人口比重（城镇化率）为59.58%。因此，节地与室外环境是全面评价建筑绿色性的一个主要方面。

在控制项方面，对场地选址的安全性及场地建设对周围环境的非破坏性做了控制性规定。规定要求：“1.项目选址应符合所在地城乡规划，且应符合各类保护区、文物古迹保护的建设控制要求；2.场地应无洪涝、滑坡、泥石流等自然灾害的威胁，无危险化学品、易燃易爆危险源的威胁，无电磁辐射、含氡土壤等危害；3.场地内不应有排放超标的污染源；4.建筑规划布局应满足日照标准，且不得降低周边建筑的日照标准。”

在土地利用方面，从节约集约利用土地资源、合理设置绿化用地、合理开发利用地下空间三个方面进行评价。

在室外环境方面，从室外照明与幕墙设计避免光污染、场地内环境噪声、场地内风环境以及城市热岛效应四个方面进行评价。

在交通设施与公共服务方面，从场地与公共交通设施具有便捷的联系、场地内人行通道均采用无障碍设计、合理设置停车场所、提供便利的公共服务四个方面进行评价。

在场地设计与场地生态方面，从充分结合地形地貌现状进行场地设计与建筑布局，保护场地内原有的自然水域、湿地，采取生态恢复措施，充分利用表层土；充分利用场地空间，合理设置绿色雨水基础设施；合理选择绿化方式，合理配置绿化植物；合理规划地表与屋面雨水径流，对场地雨水实施径流总量控制四个方面进行评价。

二、地域性特点

内蒙古地区属于我国西北部的经济欠发达区，随着城市化进程的加快，城市建设的节约用地成为该区城市发展面临的不可回避的问题，也是绿色设计理念对该区建筑业的必然要求。绿色建筑对于室外环境的要求是该区绿色建筑发展的弱点和难点，尤其是在室外微气候的改造（主要包括日照、通风、光、声、热等方面）以及绿化种类与植物景观的配置方面。内蒙古地区所处的地理位置及自然气候条件很大程度上限制了建筑室外环境的舒适度，同时采暖能耗也大幅度提升。冬季严寒漫长、春季多风沙、干旱少雨雪的气候特征成为该区绿色建筑必须要面对、顺应及改善的方面，这在很大程度上加重了内蒙古地区绿色建筑设计、实施与维护的难度。健康舒适的室外微气候以及合理充分的绿化与植物景观配置不仅可以为绿色建筑创造一个宜居的室外环境，而且在很大程度上可以减少建筑能耗，降低建筑对环境的影响。因此，室外微气候营造方法以及植物景观的配置应成为内蒙古地区绿色建筑地域性研究的重点，其对应的评价方法也应成为该区绿色建筑评价研究的重要方面。此外，建筑施工中的环境保护与污染控制也是该区绿色建筑实施的薄弱环节，应加大权重，重点控制。

三、具体指标的调整建议

（一）在控制项方面

《绿色建筑评价标准》（GB/T 50378—2014）中规定“项目选址应符合所在地城乡规划，且应符合各类保护区、文物古迹保护的建设控制要求”。对于内蒙古地区来说，由于城市发展的要求，以及地形地貌的限制，许多新建的公共建筑，尤其是高层写字楼以及商业综合体等设计建造在了城市原有的绿地广场上或公共场地、公园等，如包头地区的商业综合体万达广场就占用了原银河广场的一部分公共场地。这种现象的产生造成城市绿地面积日益减少，但有些原有绿地是规划部门的计划用地范围，因此不在此列。建议把指标改为“场地不破坏当地文物、自然水系、湿地、基本农田、森林以及其他保护区，不违法占用绿地”；若占用了，可以考虑是否能够有备选场地进行建设，例如是否有适合该项目的城市填空场地，可以减少基础设施的影响，支持现有的公共交通和城市居住形态，从而不会降低人员密集时公园的可用性。

（二）在土地利用方面

《绿色建筑评价标准》（GB/T 50378—2014）中提到项目用地规划节约集约利用土地，并对公共建筑容积率进行了规定。公共建筑种类繁多，在保证其基本功能及室外环境的前提下应按照所在地城乡规划的要求采用合理的容积率。就节地而言，对于容积率不可能高的建设项目，例如一些科教文卫类的建筑（如内蒙古工业大学建筑馆、盛乐博物馆等），在节地环节得不到太高的评价，但可以通过精心的场地设计，在创造更高的绿地率以及提供更多开敞公共空间等方面获得更好的评价；而对于容积率较高的建设项目，在节地方面更容易获得较好的评价。

《绿色建筑评价标准》（GB/T 50378—2014）中对场地内合理设置绿化用地作了规定，并对绿地率指标进行了评分项的评价。为保障城市公共空间的品质，提高服务质量，每个城市对城市中不同地段或不同性质的公共设施建设项目都制定了相应的绿地管理控制要求，如《城市绿化条例》中规定："学校、医院、休疗养院所、机关团体、公共文化设施、部队等单位的绿地率不低于35%。"就内蒙古地区情况来看，该区纬度较高，太阳高度角较小，造成建筑物的阴影区比较长，加上冬季寒冷干燥，导致建筑物北侧阴影区的绿化植物成活率不高，因此公共建筑这项指标得分率普遍不高，只有盛乐博物馆这样的覆土形式的建筑可以达到指标要求的高分。因此，建议内蒙古地区公共建筑的绿地率指标定为30%更适宜，鼓励绿地设置休憩、娱乐等设施并向公众免费开放，以提供更多的公共活动空间。

《绿色建筑评价标准》（GB/T 50378—2014）中规定合理开发利用地下空间。地下空间的开发利用应与地上建筑及不同区位的土地价值来综合考虑，有些地区的地质条件不利，地下空间开发会增加很多投资且带来安全隐患，因此，若强制推行反而会背离绿色建筑的原则。高层建筑一般具备利用地下空间的条件，而内蒙古地区公共建筑多为低、多层，故利用地下空间的经济成本较高，并且不同使用功能的建筑其地下空间的功能通常有所不同。所以，作者建议对于无法利用地下空间的项目应提供相关说明，经论证场地区位和地质条件、建筑结构类型、建筑功能或性质确实不适宜开发地下空间的，可不参评。

（三）在室外环境方面

《绿色建筑评价标准》（GB/T 50378—2014）中规定室外照明和幕墙设计避免光污染。公共建筑尤其是大型或高层建筑更容易对周边建筑物产生不利影响，例如夜间室内外照明光污染、玻璃幕墙镜面反射光污染以及建筑日照造成的遮挡。这些光污染使得夜空的明亮度增大，不仅对天体观测等造成障碍，而且对人造成不良影响。眩光会让人感到不舒服，还会使人降低对灯光信号等重要信息的辨识力，甚至带来道路安全隐患。建议尽量避免使用玻璃幕墙作为建筑外立面设计，并且由于内蒙古地区建设地价较低，故建筑物不宜太高，在设计时应注意使建筑布局或体形不对周围环境产生不利影响，且尽可能不对周围环境造成光污染，应根据日影长度考虑较大的影响范围，建议在指标中加入“不给周边建筑物带来光污染，不影响周围居住建筑的日照要求。室外照明和幕墙设计避免光污染”。

在评价风环境时，《绿色建筑评价标准》（GB/T 50378—2014）中要求场地内风环境要有利于冬季室外行走舒适及过渡季、夏季的自然通风。指标中考虑到内蒙古地区冬季风速过大并且风向不利，很难保证建筑场地内人行高度风速小于5m/s，因此引入风速放大系数的概念，要求场地内人行高度的风速和实际风速的比值不大于2。二者为或的关系，只需要达标其中一条即可，对于该区来说就有了实现指标的可能性。

（四）在交通设施与公共服务方面

《绿色建筑评价标准》（GB/T 50378—2014）中规定“场地与公共交通设施具有便捷的联系”。优先发展公共交通是缓解城市交通拥堵问题的重要措施，因此建筑与公共交通联系的便捷程度十分重要。为便于建筑使用者选择公共交通出行，在选址与场地规划中应重视建筑及场地与公共交通站点的有机联系，合理设置出入口并设置便捷的步行通道联系公共交通站点，例如建筑外的平台直接通过天桥与公交站点相连，或建筑的部分空间与地面轨道交通站点出入口直接连通，地下空间与地铁站点直接相连等。内蒙古地区的建筑形式多为中小型规模的建筑或位于小区、学校内部的公共建筑，没有地下空间也没有建筑物外的平台与公交站点相连，更没有地铁这样的地下交通条件，条文中“有便捷的人行道联系公共交通站点”就较难实现。

《绿色建筑评价标准》（GB/T 50378—2014）中规定场地内人行通道均采用无障碍设计，且与建筑场地外人行通道无障碍连通。场地内外以及与建筑物的无障碍设计是绿色出行的重要组成部分，是保障各类人群方便、安全出行的基本设施。而建筑场地内部与外部人行系统的连接是目前无障碍设施建设的薄弱环节，建筑作为城市的有机单元，其无障碍设施建设应纳入城市无障碍系统。因此，建议对于规模较小的公共建筑，或公共建筑处于学校或居住区中时，要考虑场地内的无障碍设计以及场地无障碍设计与城市无障碍设施有很好的通道，能够满足需要即可。

《绿色建筑评价标准》（GB/T 50378—2014）中提出要合理设置停车场以及提供便利的公共服务，充分说明了绿色建筑节地指标，不仅是建筑物的合理布局和规划，也是场地的设施健全以及场地的合理布局和规划，所以场地的小气候设计规划得合理，对于营造建筑周围的小气候起到重要作用，也为城市居民提供更好的城市环境。这类评价指标对于鼓励与发展绿色公共建筑具有重要意义，对自然资源的有效节约也起到不可忽视的作用。在这方面内蒙古工业大学建筑馆运用其独特的开放手段，使得建筑内外成为校园内外社团活动、展览活动的良好场所（见图5-1）。

图5-1　内蒙古工业大学建筑馆室外活动场地
图片来源：作者自摄

（五）在场地设计与场地生态方面

《绿色建筑评价标准》（GB/T 50378—2014）中规定“硬质铺装地面中透水铺装面积的比例达到

50%”。根据内蒙古严寒的气候条件，上述所讲的绿地率达不到35%的标准，而植草砖在寒冷的自然气候条件下容易形成冻融循环，造成植草砖的破坏，故植草砖不适宜作透水地面；这项评价内容是基于室外合理利用雨水来设置的，内蒙古地区公共建筑室外场地设计的实例说明某些设计策略也可达到合理设置绿色雨水基础设施以及改善室外微气候。例如，内蒙古工业大学设计院建筑庭院中的水池与院子，夏季有利于建筑的通风、降温，冬季采光、增加空气湿度，很好地改善了场地的微气候，利于建筑节能。又如，停车场外的鹅卵石铺地，很好地增加了室外场地的透水面积。因此，鼓励建筑师积极开发不同的设计策略，进而改善场地雨水组织及场地微环境。

《绿色建筑评价标准》（GB/T 50378—2014）中提到“合理选择绿化方式，科学配置绿化植物”。这项规定充分体现了因地制宜的思想。例如，屋顶绿化及垂直绿化的形式不符合内蒙古地区严寒的气候条件，对于夏季的遮阳效果亦不是很明显。这个评价要求植物配置充分体现本地区植物资源的特点，突出地方特色。合理的植物物种选择和搭配会对绿地植被的生长起到促进作用。种植区域的覆土深度应满足乔、灌木自然生长的需要，满足所在地的相关要求。

第三节　节能与能源利用

一、标准解读

公共建筑能耗包括空调系统、办公设备、供热系统、采暖系统、照明系统、电梯系统运行能耗等，调查研究表明写字楼、餐饮等公共建筑，单位面积年耗电量相当于住宅的10～15倍。随着城市化的快速发展，中国城市建设中，每年约20亿平方米的建筑竣工，公共建筑占4亿平方米，可见其增长速度是非常快的。节能与能源的高效利用是绿色建筑的重要特征。绿色公共建筑的评价主要是从建筑本体节能、设备节能要求、能源综合利用三方面来进行。

在建筑本体节能要求方面：建筑的体形、朝向、楼间距、窗墙面积以及遮阳措施均是绿色建筑设计的基本要素，期望建筑师能够充分利用场地的有利条件，尽量避免不利因素，努力发掘可实施的被动式节能设计策略；鼓励建筑师采用围护结构节能措施；在建筑通风方面也作了具体的规定，规定了外窗可开启面积。

在设备节能要求方面，《绿色建筑评价标准》（GB/T 50378—2014）分别对空调采暖、空调通风、照明系统、供配电系统等设备方面的节能利用作了详细的规定，可以很大程度上节约能源的消耗；并且要合理采用蓄冷蓄热技术；采用效率高的节能设备与系统。内蒙古地区的气候条件决定该区采暖能耗较大，空调系统使用率并不是很高，且该区对设备的节能设计也比较重视，能够达到很高的标准，这个方面的评价体系着重建筑设备、暖通空调方面的节能，并非建筑专业方面的内容，因此对设备节能方面的评价从简。

在能源综合利用方面，《绿色建筑评价标准》（GB/T 50378—2014）指出根据当地气候和自然资源条件，充分利用太阳能、地热能、风能等可再生能源。在太阳能、风能等可再生能源丰富的地区，设计时可充分考虑此项要求。

二、地域性特点

根据《民用建筑热工设计标准》（GB 50176—2016）对我国建筑热工分区的划分，内蒙古绝大多数地区属严寒气候区，因此，建筑的能耗主要以冬季的采暖能耗为主。采暖能耗可占建筑运行阶段总能耗的3/4以上，而且以煤为主的用能结构也给城市环境带来了巨大危害。因此，降低建筑的采暖能耗，努力开发新能源应成为绿色建筑能耗控制的主要方面。此外，从全国可再生能源的分布图中可以发现：内蒙古地区的太阳能和风能较丰富，尤其是丰富的太阳能资源为公共建筑可再生能源利用提供了较大优势。因此，对绿色建筑节能性能的评价应以建筑单体控制采暖能耗以及提高可再生能源利用为重点。

三、具体指标的调整建议

（一）在建筑本体节能要求方面

公共建筑的特点，尤其是商场类等大型公共建筑不同于居住建筑，居住建筑往往是交通面积小，每个住户是节能的一个重点单元；公共建筑则有很多大空间如门厅、中庭等，居住建筑的进深小，室内实现穿堂风是可行的；而公共建筑的进深比居住建筑大得多，这就使得公共建筑不仅要求外窗的可开启面积适宜，也要适当地强调建筑内部的通风换气。对于有天窗的公共建筑来说，天窗的可开启面积不大或者不适宜开启，那么就必须有通风换气装置，比如捕风塔。公共建筑的通风不能仅依靠建筑外立面的窗或者玻璃幕墙来实现，对于大进深的公共建筑来说，应注意中庭或者共享空间的通风换气对建筑物室内物理环境的影响。因此，建议在建筑物的通风评价上综合考虑建筑物外立面以及内部的通风换气的影响，但对于天窗的可开启面积由于天窗的安全性及方便开启条件，以及可能安装太阳能集热器或者太阳能光伏发电板等，不做具体的规定，以更好地指导内蒙古地区绿色公共建筑的实践。

（二）在设备节能要求方面

在控制照明系统的效率时，《绿色建筑评价标准》（GB/T 50378—2014）规定："照明功率密度值达到现行国家标准《建筑照明设计标准》（GB 50034）规定的目标值"。在建筑的实际运行过程中，照明系统的分区控制、定时控制、照度自动调节等措施对降低照明能耗作用很明显。公共场所和部位的照明采用高效光源、高效灯具和低损耗镇流器等附件，并采取其他节能控制措施，在有自然采光的区域设置定时或光电控制。照明的能耗在公共建筑运行中的能耗占有相当大的比例，在设计阶段采取严格措施降低照明能耗，对控制建筑的整体能耗具有重要意义。作者认为采用高效节能照明系统的基础是建筑物室内光环境（包括白天、夜间）的合理设计。绿色建筑照明系统的评价建议同时考虑公共建筑光环境设计的合理性与照明系统及设备的高效性。

（三）在能源综合利用方面

内蒙古地区拥有较丰富的可再生能源，例如风能源、太阳能能源、地热能能源以及草原节能住宅中的沼气能源等，都为广泛实施可再生能源利用提供了很好的条件。此外，建议内蒙古缺水地区不使用地热能能源，避免破坏地下水资源。

第四节 节水与水资源利用

一、标准解读

我国是一个水资源贫乏的国家，属世界上13个贫水国之一，人均水资源仅是世界平均水平的1/4，而且据科学家预测，中国年缺水总量超过500亿吨，超过现在年用水量的10%[①]。而内蒙古地处内陆，年降水量少、水土流失极其严重并伴随水质的不断恶化，再加上包头、呼和浩特市等重工业城市，地下水开采严重，水资源远低于国际公认的人均水资源的临界值，但是面对如此严峻的现状，民众的节水意识却不高，还存在着许多水资源浪费及污染情况。很多地区还存在着节水器具使用率低，再生水使用难等问题。水资源的利用要坚持开源节流、节流优先、治污为本、科学开源、综合利用的原则，统筹兼顾生产、生活和生态用水的综合平衡。

绿色公共建筑要求节约用水的目的是减少水资源的过度索取以及大量浪费，减少建筑物对水资源的过度浪费，提升人们对节水的认识，努力创建和谐的水资源利用环境，促进建筑物水资源的循环利用。对我国发展绿色公共节水型建筑具有重要作用。节水及水资源的高效利用是建筑降低环境负荷的重要手段，也是绿色建筑评价的重要方面。

在节水系统的综合利用方面：建筑设置用水计量装置、建筑平均日用水量、避免管网渗漏等方面的节水评价。

在节水器具与设备方面：绿化灌溉采用节水措施，采用用水效率高的卫生器具，采用循环冷却水节水技术及其他用水设备节水措施。

在非传统水源的综合利用方面：主要考察绿化灌

① 周若祁，等.绿色建筑体系与黄土高原基本聚居模式[M].北京：中国建筑工业出版社，2007.

溉、道路浇洒、洗车用水以及景观雨水的非传统水源利用率。评价标准中的评分小项中还涉及生活杂用水的非传统水源利用率。

二、地域性特点

内蒙古地区水资源总量508.91亿立方米，仅占全国的1.86%，大多数城市的人均水资源总量不足500m^3，降水量不足400mm，属极度缺水地区。而且，由于城市区人口密集，地下水超采严重,有些城市如呼和浩特、包头、通辽等地下水的过度开采，带来的不仅是地下水位迅速下降问题，而且会引发严重的地质环境问题，如地面沉降、塌陷、裂缝等。同时，城市水资源污染状况也日趋严重。因此，建筑中的节水与水资源高效利用对内蒙古地区来讲具有更现实的意义。内蒙古地区缺水的紧迫现状要求我们一定要做好绿色建筑的节水，但通过对标准的学习以及结合地区实际的探讨，发现在推进绿色建筑的节水方面存在以下地域性障碍：

（1）由于地区居民节水意识不强，若绿色建筑以未装修的毛坯房形式出售，节水器具和设备的实际使用率能否保障是一个比较现实的问题。

（2）由于内蒙古地区属资源性缺水地区，在非传统水源的选择利用方面比起其他类型的缺水地区具有很大的局限性，大多数城市年降水量不足400mm，限制了雨水的收集利用，并且在中水利用方面也存在较大障碍。

1）在市政中水的利用方面。内蒙古地区各主要城市虽然建立了不同规模的污水处理厂，但大多用于城市景观河以及工业回用，支持污水回用于生活用水的市政设施尚未起步。而且在制度、管理、经济性以及人们的意识方面障碍重重，因此，目前市政中水并非该地区绿色建筑所能及的中水利用途径。

2）在建筑中水回用方面。适于当地的污水处理系统的选择、污水处理的经济规模、污水供水系统等基础性资料的缺乏，以及高额的投资让开发商望而却步。

针对城市中水利用存在的问题，首先应做好以下工作为建筑中城市中水的使用奠定基础：

（1）建立污水再生利用激励机制，制定鼓励污水再生利用的相关政策。

（2）编制城市污水再生利用规划，确定污水深度处理的规模、位置、再生水管道系统的布局。

（3）完善相应中水利用的技术指标体系。

（4）采取有效措施推进城市中水系统的基础设施建设。此外，内蒙古水资源在时间和地区分布上很不平衡，形成东部水资源相对丰富，西部严重缺水，夏季降水较集中，其他季节降水较少的水资源分布特点。因而，在节水及水资源利用的综合规划中需根据不同地区水资源的特点与稀缺状况因地制宜地确定绿色公共建筑水系统的利用与规划。综上，内蒙古地区绿色建筑的节水需要在控制用水方案的经济效益与环境效益的基础上，确保节水与梯度用水，推进非传统水源的利用。

三、具体指标的调整建议

（一）在节水系统的综合利用方面

依据节水指标的量化评价标准建议在节水系统的综合利用方面加入评价指标“公共建筑平均日用水量符合国家标准《民用建筑节水设计标准》（GB 50555—2010）的规定”。

（二）在节水器具与设备方面

对于降雨少且季节性干旱的内蒙古地区来说，绿地建设后必然需要大量的水来进行浇灌，这就需要绿化灌溉采用节水的灌溉方式，同时还要采用土壤湿度感应器、雨天关闭装置等节水控制措施。内蒙古地区公共建筑常见的绿化灌溉措施有绿化面积大的草坪、灌木丛常采用喷灌的节水措施（见图5-2），而面积较小的有时采用简易的微灌的节水措施。

图5-2　内蒙古地区常用绿化灌溉方式

图片来源：互联网

节水器具首先要做到的就是避免跑、冒、滴、漏等现象，然后再通过设计来减少无用耗水量，达到明显的节水效果。针对节水器具合理选用的评价指标，根据国家对部分用水器具的用水效率制定的相关标准进行量化评价（见表5-2、表5-3）。

表5-2　水嘴用水效率等级指标

用水效率等级	1级	2级	3级
流量/（L/s）	0.100	0.125	0.150

资料来源：《民用建筑节水设计标准》（GB 50555—2010）

表5-3　坐便器用水效率等级指标

用水效率等级			1级	2级	3级	4级	5级
用水量/L	单档	平均值	4.0	5.0	6.5	7.5	9.0
	双档	大档	4.5	5.0	6.5	7.5	9.0
		小档	3.0	3.5	4.2	4.9	6.3
		平均值	3.5	4.0	5.0	5.8	7.2

资料来源：《民用建筑节水设计标准》（GB 50555—2010）

（三）在建筑非传统水源的利用方面

非传统水源的利用基本上是用于绿化、洗车、景观水体、冲厕等方面，但由于冲厕会在很大程度上提高初投资，所以一般项目都会避开。对不同功能的公共建筑应综合考虑设置中水系统，如洗浴场所、旅馆酒店等公共建筑应设中水回收系统，而办公、商场、教学楼等一类用水较少的公共建筑可不设。

第五节　节材与材料资源利用

一、标准解读

建筑材料的环境负荷主要包括建材的资源负荷、能源负荷及环境污染负荷。建材的资源负荷表现为建筑材料的生产对天然矿产资源的消耗；建材的能源负荷表现为建筑材料的全寿命周期包括生产、运输、维护、拆除及废弃处理的过程中对能源的消耗；建筑材料环境污染负荷表现为建材的产量与消耗量同时最大，建材废弃物对土地、自然环境、能源资源的破坏最多，污染也是最大的。节材评价涉及两方面的内容，分别是材料的设计优化以及材料的合理选用。

在设计优化方面，指标着重论述可再生材料、固体废弃物的可回收利用；土建与装修工程一体化设计；合理利用场地内的旧有建、构筑物；建筑结构体系的优化设计；合理使用混凝土；选用模数制的建筑构配件；建筑室内采取灵活隔断；选用预制生产构件；控制运输距离等八个方面的评价内容。

在材料的合理选用方面，从建筑结构出发，选择高强度钢、高性能混凝土；尽可能多地使用可再生、可循环材料；选用以废弃物为原料生产的建筑材料；建筑装修材料选择耐久性好、易维护的建筑材料等四个方面的评价内容。

二、地域性特点

虽然近年来内蒙古地区建筑行业得到了迅猛的发展，但仍处于相对粗放的发展模式。建筑在高速“崛起”的同时，伴随的往往是高资源能源消耗与高污染。目前，设计很大程度上是快速的工业化生产，施工则往往是强压下的原始耕作，而材料的节约与合理利用在效益的驱使下仅成为文件上的一句口号。同时，内蒙古地区在建筑设计的材料选用环节主要考虑的是所选材料的技术经济性，较少考虑材料的环境性能。因此，节材与材料的合理选用成为建筑尤其是绿色建筑努力改善的方面。需重点强调设计阶段的优化程度与施工阶段的合理节约程度。地方性的建筑设计应该强调对本土建筑材料的加工与再利用，现今新型材料如钢筋混凝土等成为建筑物的首选材料，如能选用本地材料则更能体现建筑的优越性。建筑材料的本地化将会节约运输成本、方便材料的配备、降低材料运输过程的损失及损毁，从而产生巨大的经济优势。

三、具体指标的调整建议

（一）在设计优化方面

《绿色建筑评价标准》（GB/T 50378—2014）中规定“采用工业化生产的预制构件”。但建筑构、配件的运输过程所消耗的资源不可忽视，建材本地化是减少运输过程资源和能源消耗、降低环境污染的重要手段之一。工业化预制构、配件多为结构等大件材料，如果为了单方面追求预制装配率而选择远距离的材料，综合来看同样违背了绿色建筑的理念。因此，本条规定所选择工业化预制生产的构、配件的运输距离应控制在陆路300km以内，适度结合地区实际酌情考虑运输距离。

（二）在材料的合理选用方面

《绿色建筑评价标准》（GB/T 50378—2014）中规定“合理选用高强建筑结构材料”。在建筑结构中采用高性能混凝土、高强度钢是有效提高结构的耐久性并且节约材料的有效途径，同时可以为建筑争取更大的空间。但高性能材料的选用必须满足合理的原则，否则就会造成不必要的浪费，具体包括该结构的耐久性要求是否合理，高性能材料所应用的位置是否合理，采用高性能材料后该结构构件是否满足结构设计的各方面要求，高性能材料的选用是否能有效节约材料等。但在该项是否达标的评价依据中却过分强调高性能材料的用量比，在材料使用的具体指标上，即材料哪些方面考虑是否合理要求较少，对于中小型公共建筑来说过分追求高性能材料的利用率不仅不会节约材料，反而造成浪费，评价依据的如此设置会对高性能材料利用的实施产生一定的误导，建议评价时更强调材料使用的合理性与使用后产生的节约效果。

第六节　室内环境质量

一、标准解读

建筑室内环境与居住者之间的对话主要是以声光热以及室内空气品质的形式进行。绿色公共建筑室内环境的基本设计原则是以人为本，努力创造舒适的室内环境质量，保证室内环境的高品质。因此《绿色建筑评价标准》（GB/T 50378—2014）对建筑室内环境的评价也是从建筑的空气品质以及建筑的声、光、湿热环境等几方面着手。公共建筑在使用时人流量大、人员众多、公共性强，因此在使用期间对室内环境的要求也自然会高一些。创造一个舒适的室内环境是绿色公共建筑的一项重要任务，最终的目标是能够使使用者身心感到愉悦与舒适。室内环境质量的评价内容分为四个部分：室内声环境改造措施、室内光环境与视野、室内热湿环境以及室内空气质量。

在室内声环境改造措施方面：强调从公共室内背景噪声环境以及隔墙、楼板、门窗的隔声性能两方面进行评价。

在室内光环境与视野方面：强调主要功能房间的采光系数满足《建筑采光设计标准》（GB 50033—2013）的规定，改善室内天然采光效果。

在室内热湿环境方面：从采取可调节遮阳措施以及合理采用采暖空调系统两个方面进行评价。

在室内空气质量方面：着重论述改善建筑物室内通风效果，人员变化大的区域设置室内空气质量监控系统，室内气流组织合理，地下空间污染物浓度符合有关规定四个方面的要求。

二、地域性特点

室内热环境的评价主要是以人体舒适度来进行的，而满足人体的热舒适性是室内环境的基本目标，如室内空气品质、声环境、光环境以及室内温湿度、室内人员的性别、年龄、衣着等多种因素，综合影响着人们对室内环境的舒适度的感受。对于冬季寒冷、夏季干燥的室外环境来说，室外气候对于室内气候的影响，绝大多数取决于建筑设计的优劣。通过对各季节主要影响室内舒适度因素的调查发现，春、秋过渡季影响室内舒适度的主要因素为干燥，主要的解决方式为加强室内通风；夏季影响舒适度的主要因素为室内温度过高，主要的解决方式为开窗换气及适当地使用空调；冬季影响舒适度的主要因素为室内温度过低，主要的解决方式是采暖并且增加湿度。综上所述，目前内蒙古地区新建公共建筑的室内环境基本达到使用者的满意度要求，日照与采光是人们最看重的环境因素，春、秋过渡季的干燥，冬季空气品质是需适当改善的方面，对于夏季的防热与通风设计需根据实际情况给予一定的考虑。

三、具体指标的调整建议

《绿色建筑评价标准》在室内环境质量方面的要求相对较容易实现，绿色公共建筑室内环境质量与常规建筑相比略显优势，指标的设置力求鼓励绿色公共建筑发展，这样的评价标准是可行的，但就绿色建筑的成长与发展而论，还应该发掘更好的设计策略或是降低能耗的同时不降低室内环境品质。对于内蒙古地区公共建筑而言，在室内舒适性方面还需做一些有针对性的提高。

（一）改善建筑光环境及视野

公共建筑与居住建筑相比，一般都进深大、层高高，且根据功能的不同对光环境及视野的要求也有所不同。应根据公共建筑功能和视觉工作的要求，选择合理的采光方式，确定采光口面积和窗口布置形式，创造良好的室内光环境。公共建筑采光设计要形成建筑内部与室外大自然相通的生动气氛,对人产生积极的心理影响,并减少人工照明的能源耗费。合理的规划布局是室内获得充足日照，具有良好视野的基础，而建筑的合理开窗又是解决这一问题的直接手段。本书第六章将着重论述内蒙古地区公共建筑的采光日照、开窗节能等问题，在此仅希望建筑师在争取合理开窗面积的情况下，通过深入研究窗的形式、形状与视野需求之间的关系，对公共建筑的开窗进行优化设计。

（二）改善春秋过渡季室内的热湿环境

在内蒙古地区，春、秋过渡季的湿度环境不够理想，主要源于春秋两季干燥的室外气候，春季白天的空气相对湿度多数情况下不到20%，而人居舒适的湿度环境为45%～65%。在干燥的环境中，人的呼吸系统的抵抗力降低，容易引发或者加重呼吸系统疾病。因此，有必要对春季室内的湿度进行相应改善。但基于春季持续时间较短且地区水质问题，没有必要专门设置空调加湿系统，建议采用被动式的设计方法来改善，例如在室内种植一些植物，或者在中庭设置一些水景以改善室内微环境。在热湿环境方面，要求外围护结构应具有较低的传热系数和良好的热稳定性。建议采暖系统可进行分室调节，保证空间热舒适性的同时有利于节能，提倡采用被动式设计，有效调节室内温湿度。

（三）改善冬季的室内空气品质

由于严寒地区冬季漫长，冬季室内的空气品质问题应得到重视。特别是对于高气密性的节能建筑来说，空气品质问题尤为突出。内蒙古地区的许多大型商场在冬季的购物旺季，室内温度非常高且干燥、闷热，使得许多顾客在室外着冬季的衣服御寒，而在室内几乎要穿春夏季的衣服，并且室内空气品质不够好，新风量远远不够。因此，建议在公共建筑尤其是大型商场类建筑的主要使用空间设置一定的新风设施，在新鲜空气有效预热的基础上将其送入室内，提高室内空气品质。须加强冬季室内的新风换气及加湿，保证冬季室内空气的清新；合理选用节能的新风系统以降低开窗通风换气造成的大量热损。

通过调研发现，呼和浩特、包头、鄂尔多斯三地夏季太阳辐射相对较强，易出现夏季最热月不舒适的情况，建议对公共建筑夏季的自然通风以及遮阳予以一定的重视，并且着重注意西向房间的有效遮阳措施。

第七节 运营管理

从公共建筑的全寿命周期看，运营管理是实现“四节一环保”的重要环节，就是通过物业的运营过程和运营系统来提高绿色建筑的质量、降低运营成本和管理成本、节省建筑运行中的各项能耗（包括能源和人力消耗）。运营管理阶段应该努力为使用者创造一个安全舒适的室内外环境，满足绿色公共建筑的各项指标。绿色建筑的运营管理主要通过物业的运营过程与运营系统来提高绿色建筑运行中的质量，节省运营成本，降低建筑能源、资源的消耗。建筑节能的环保状况不佳，一方面是建筑的设计水平不高，施工过程中要求管理不严格；另一方面对建筑使用过程中的运营管理不善也是导致节能环保状况不佳的重要因素。因此，加强建筑的运营管理，是发挥建筑节能环保效果的最直接手段。

内蒙古地区物业管理产业发展相对滞后，物业管理企业的数目少、规模小，管理水平落后，难以胜任绿色建筑运营管理的要求。物业管理行业相对来说是一个低风险、低收入的行业，人员工资水平低，因此造成从业人员服务积极性不强，文化程度偏低，导致该方面的运营管理成为以促评为目的的编造与作秀。而绿色建筑运营管理需要有一定专业管理水平与专业技术水平的人员参与，二者存在一定的差距。同时，在绿色建筑评价时需更加注重运营水平和各项定量指标的考核。为了推进绿色建筑的有效实施，必须采取以下几方面策略：首先，必须抬高绿色建筑物业管理企业的准入门槛，有效保障绿色建筑运营管理的水平；其次，必须进行相应的岗前培训，了解和掌握绿色建筑运营管理的特殊性及具体技能；最后，建议探索新的绿色建筑运营管理模式，调动从业人员的积极性，使绿色建筑的绿色性真正得以实施。鉴于本章内容不在作者专业研究范围，故不作详细分析与赘述。

第八节 施工管理

《绿色建筑评价标准》（GB/T 50378—2014）增加了施工管理的评价指标，实现标准对建筑全寿命周期内各环节和阶段的覆盖。并且为鼓励绿色建筑在节约资源和环境保护方面的技术和管理创新与提高，增设了“创新项”，更好地鼓励使用绿色公共建筑新的设计策略与方法。

评价内容分为环境保护、资源节约、过程管理三方面。

在内蒙古地区，施工管理是个薄弱的环节，要想达到绿色节能标准的要求，还有很多的工作需要推进，还应该继续规范施工环节以及施工管理的要求，力求使公共建筑在建筑全寿命周期范围内达到节能环保的要求，实现公共建筑全面完整的绿色性设计。鉴于本章内容不在作者专业研究范围，故不做详细分析与赘述。

本章从绿色建筑评价的七大方面出发，分别论述了适宜内蒙古地区的指标体系的调整建议，针对每一项不适于内蒙古地区公共建筑发展的评价项给出了调整建议，鉴于专业限制而从建筑设计的角度进行论述，故针对节地与室外环境、节能与能源利用、节水与水资源利用、节材与材料资源利用、室内环境质量五个方面进行详细的论述并给出具体调整建议，而对运营管理以及施工管理两方面只提供内蒙古地区发展的大方向，并不对具体的指标进行分析研究。

旨在通过详细的设计阶段评价项的分析，得出适于内蒙古地区自然气候、人文历史等因素的评价体系，并对内蒙古地区绿色公共建筑的设计提供一些依据。

第六章

内蒙古地区绿色建筑设计策略

在内蒙古地区这个高纬度寒冷的地方，人类最原始的庇护所大多是用树干等搭成拱架，架上覆以兽皮，从而抵御寒冷的气候。帐篷式的房屋很多起源于这种形式，例如蒙古包。

随着经济和技术的发展，人们通过技术手段克服自然环境的影响，因此气候影响在现代建筑中的反映越来越弱，以至寒冷地区的建筑特色逐渐丧失。现在，很多建筑师把气候条件不同地区的建筑风格移植到寒冷的内蒙古地区，不注意最大限度地获取阳光，不讲究创造温暖的微气候，例如，在建筑中大面积采用玻璃幕墙等。这种现代建筑往往与环境、气候及生态模式之间缺少更多的逻辑关系。毫无地方特色的现代建筑开始蔓延，在现代建筑强势文化的冲击和影响下，内蒙古地区自身的特色变得越来越不明显。在进行建筑设计时，应注重选用地方材料，注重气候防护和调节的特点，注重采用生态技术手段，不断研究并采用新的生态材料来满足现代社会的需要。

由于建筑技术的复杂性和多样性，在此很难逐一介绍针对性很强的详细的技术策略，仅介绍具有地方特色且能够广泛使用的生态技术策略。

第一节 节地与室外环境设计策略

在建筑大花园中，有着令人目不暇接、千姿百态的建筑文化，对于大众来说，留给他们印象最深的依然是建筑的外部造型，即建筑的外部空间形态。不同形态的建筑代表了不同地域、不同时代、不同民族的文化特征。而这些富于个性的形态特征往往来自各种生态技术的作用。

建筑的选址和规划设计的合理性主要体现在建筑物与周围环境协调，房间的光线充足、通风良好，空气质量满足健康要求等方面。建筑要融入大自然中，借地形地貌、山水、森林造势，与自然和谐共生。

在设计时，建筑选址应尽量远离交通主干道，避免噪声污染。若选在噪声声源处，应有良好的绿化隔声带等保护措施；在功能上，更趋于原始状态的自然性，最大限度地回归自然，获得充足的日照，具有良好的通风，获得新鲜的空气，让人们在舒适的前提下，更多地感受到自然的气息。建筑公共空间的设计不应该只是简单地增加绿化，而应体现空间环境、生态环境、文化环境、景观环境、社交环境、娱乐环境、智能环境和管理环境等多重环境品质的整合效应，建筑与环境协调设计。

建筑是人类为了抵御自然气候的不利影响而建造的“遮蔽所”，不仅有防卫功能，更重要的是使室内环境适合人类生存。由此可见，建筑必然受到气候的影响。气候对建筑有三个层次的影响：首先，直接影响建筑的功能、形式、围护结构等；其次，通过影响水源、土壤、植被等其他地理因素间接作用于建筑；最后，影响人的生理、心理因素，并体现为不同地区的风俗习惯、宗教信仰、社会审美等方面的差异，最终影响到建筑本体。

在进行节地建筑设计时，要了解建筑所在位置的气候条件、地形条件、地质水文资料、当地建筑材料、当地建筑习惯以及当地的人文历史、风俗习惯、生活方式等。绿色建筑场地的选择与规划应从两方面考虑：一是利用自然环境如地形地貌、风速、日照等对建筑节能的正作用，避免场地周围环境对绿色建筑本身可能产生的不良影响；二是减少建设用地对周边环境造成的负面影响。由于内蒙古地区冬季寒冷而漫长，一年中需采暖的时间占到全年的50%以上，因此保温与日照是建筑首先要解决的问题。其次，干旱多风沙的特点要求在建筑规划和单体设计时考虑防风沙；最后，丰富的太阳能资源为建筑提供了获得充足日照的便利条件。综合以上环境特点不难发现，室外风环境及日照环境设计是建筑规划与布局研究的重点。

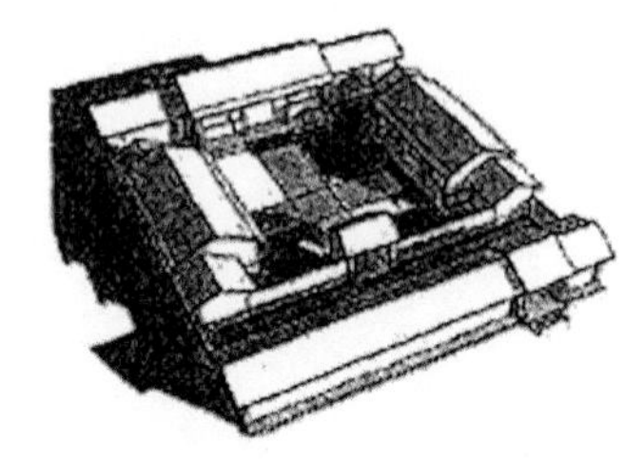

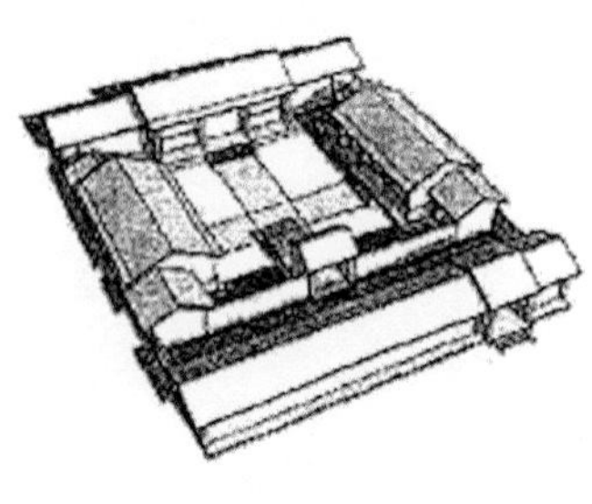

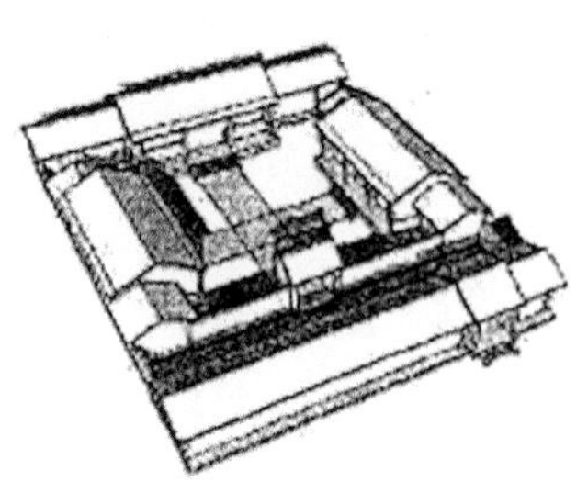

图6-1　住宅院落冬至日10点、12点、14点日照模拟分析图
图片来源：《传统民居生态建筑经验及其模式语言研究》

一、建筑基地日照绿色技术策略

在内蒙古地区，建筑要充分满足冬季采暖的要求，能够更多地利用阳光是最经济、最合理的有效途径。为了满足建筑对日照的要求，在设计时按照建筑的使用要求，综合考虑地区的气候条件、日照特点、地形及前后建筑的遮挡条件、房间的自然通风要求以及节约用地等因素，采取相应的措施，选择适当的房屋朝向、间距、建筑体形、窗口位置、遮阳处理等。

（1）建筑基地应选择在向阳、避风的平地或山坡上，这是提高采暖效率的基本条件。

（2）由于不同朝向太阳辐射强度变化较大，所以应合理选择建筑朝向来争取更多的太阳辐射量。在内蒙古地区，较好的朝向为南或南偏东。图6-1为住宅院落冬至日日照模拟分析图。

传统四合院在院落的布局中很注意厢房避让正房；此外，在房屋高度的处理上两侧的厢房也造得比正房低矮，这样可以避免冬季对正房光线的遮挡，使正房在冬季能够获得更多的有效日照，有利于采光和被动式太阳能利用。在四合院布局中，两侧的厢房借助较宽的院落和较浅的进深在冬季也可以很好地获得日照和采光。传统四合院中东厢房尺寸比西厢房稍大，这是由于冬季日照的西晒，一方面有利于东厢房更好地进行被动式采暖，获取更多的热量和舒适的室内热环境；另一方面东厢房在下午获得良好的采光也与居者的作息习惯相适应，因此东厢房尺寸比西厢房稍大，间数也比西厢房多，等级仅次于正房。

（3）适当的日照间距是建筑充分得热的条件，间距过大会造成用地的浪费，根据相关的日照间距计算方法获得合适的日照间距，不受周围其他建筑的遮挡，也为其他建筑用地创造条件。同时，也可以运用一些建筑设计手法调整日照间距，如台基、台阶。

台基、台阶主要用于建筑物防潮、结构需要和立面构图的稳定以及建筑空间的营造。从文化习俗上分析，台基或台阶高度的差别显示着等级与秩序；从建筑技术的角度分析，台基和台阶高度的差别有利于避免冬季房屋间相互遮挡，对日照产生影响，在建筑群里，由南向北抬高台基的做法使缩小各建筑间的间距成为可能，进而达到增大建筑用地率或减少对土地的占用的效果。

严寒地区的冬季，人们对日照的渴望更加强烈。日照对于建筑节能有着极为重要的意义。争取日照从三个方面考虑，即争取更长的日照时数、更多的日照量和更好的日照质量。

严寒地区为了争取更好的日照与更多的太阳辐射量，首先，建筑选址应在向阳的平地或坡地上，为绿色建筑设计创造采暖先决条件，如图6-2（a）所示，寒冷地区在一个南向斜坡上以增加太阳辐射，它的地势应低到可以防风，同时又足够高以避免冷空气在谷

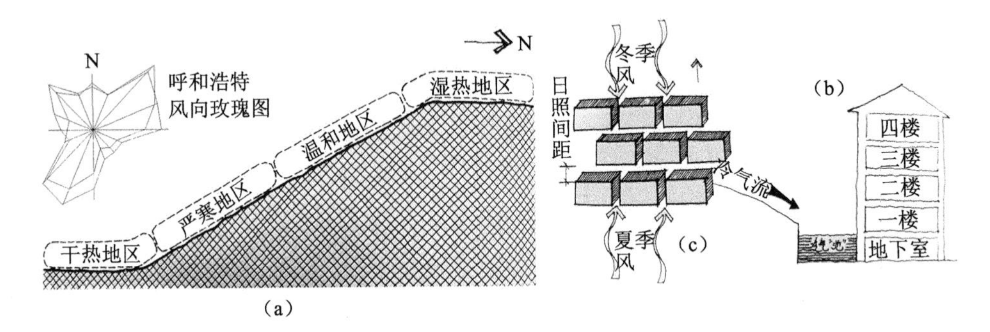

图6-2　太阳辐射与日照对建筑物的影响
图片来源：《绿色建筑概论》

底聚集。其次，建筑要降低建筑围护结构的热能渗透就要有效避免西北寒风，如图6-2（b）所示，节能建筑不宜布置在山谷、洼地、沟底等凹形基地中，避免冷空气沉积。再次，建筑的前方任何无法改变的“遮挡物”都会令建筑的采暖负荷增加，造成不必要的能源浪费。最后，建筑的各主要空间有良好朝向，并应满足最佳朝向范围，以使建筑争取更多的太阳辐射，内蒙古地区建筑物的最佳朝向为南至南偏西及南至南偏东，如图6-2（c）所示。

二、建筑基地通风的生态技术策略

气候对于建筑物的另一个较大的影响因素为风，内蒙古地区冬季主要受西伯利亚冷空气的影响，形成以西北风为主导风向的寒流。在规划设计时，应该考虑室外风环境对建筑节能的影响。风环境在两个方面对建筑的能耗产生影响，一是通过建筑表皮的对流增加传热过程中热量的损失，二是通过建筑表皮或门窗缝隙的透射增加通风量损失。在建筑设计时，尽量用被动式设计来提高建筑室内舒适度，风环境的设计原则主要是避免冬季冷风，引导夏季通风。改善室外风环境的设计策略有：首先，基地环境条件尽量避免冬季主导风影响建筑，并引导夏季风向；在内蒙古地区建筑单体设计中应当封闭建筑的西北向，开放南向，使得建筑冬季可避风节能，夏季可导风通风。其次，关注并引导植被、构筑物等永久地貌对防风、导风的作用。最后，对基地内的地貌因素加以组织、利用，以最廉价的方式创造良好的风环境，为建筑物内部通风提供条件。

根据各自不同的地理位置和自然气象条件，每个地区都有各自不同的全年风玫瑰图。风玫瑰图对所在地区建筑物朝向的选择和房间的自然通风能力的发挥具有指导性意义。内蒙古地区冬季寒流主导方向是西北风。由于接受太阳辐射不均匀以及受到地形、地势、地表覆盖、水陆分布等因素的影响，局部地区会产生地方性风系。而且，由于受周围建筑群的影响，主导风向也会发生偏离，如巷道风、高楼风。在设计的时候，要充分考虑形成微气候的具体环境因素。

外部风环境直接影响到建筑室内的热环境，如风速、风向、空气温度、空气洁净度等。建筑设计中应注意建筑通风，由于不同环境不同季节中，建筑对风的要求会有所不同，所以应当以主导气候为基础调节微气候，组织自然通风。在场地设计中，影响通风的主要因素有建筑群的高度与间距、街道的走向、空旷场地的分布、地面覆盖物状况与规模等。

在内蒙古地区，强风会降低围护结构的保温性能，冷风渗透会降低人的舒适度。因此，设计主要避免不利风向，在建筑选址和建筑组群设计时充分考虑到封闭西北风，合理选择封闭或半封闭周边式布局的开口方向和位置，使建筑群达到避风节能的效果。

三、环境绿化与水景设计

在建筑的周围种植适宜的植物或者设置适当的水景，可以改善与开放空间相邻的建筑表皮的气候条件，如落叶松可以在夏天带来阴凉，在冬天又可以保证太阳光的入射；成排和成片的树可以形成挡风的屏障，或者在必要时形成自然通风的通道；此外，通过植物遮阴和水环境蒸发的作用，在夏天起到室外降温的作用，从而达到自然通风的效果。绿化与水景的作用有调节空气温度，增加空气湿度，遮阳防辐射，降低城市噪声污染，防尘及净化空气。因此，在公共建筑场地的气候设计中，应注意环境绿化和水景布置的设计。但是不要单纯追求绿地覆盖率指标及水面面积，也不应将绿地和水面过于集中布置，而是要注意绿地和水面布局的科学、合理，尽可能大范围、最大限度地发挥环境绿地、水景布置改善微气候环境质量的有益作用。

理想的绿化节能种植设计：夏季短暂温和，西面的植物遮挡阳光，南面的屋顶挑檐、门廊或冬季落叶植物将大量的太阳辐射热阻挡在外。冬季寒冷漫长，北面的常绿乔木和灌木阻挡凛冽的寒风，由于太阳高度角小，南面的挑檐、门廊等不会阻挡太阳光的照射，落叶及距离建筑足够远的植物不会阻碍建筑物对太阳光照热量的获取。内蒙古工业大学建筑馆的室外环境布置就是一个比较好的实例（见图6-3）。

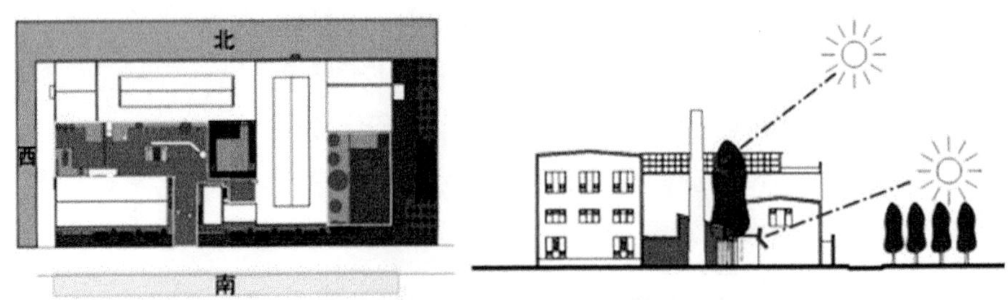

图6-3　内蒙古工业大学建筑馆室外环境布置

图片来源：作者自绘

从建筑馆周边建筑中可知，建筑馆的北面是扩建的建筑馆教学楼，西面是操场看台，冬季可以很好地阻挡西北风的侵袭；南面小路对面是一排行道树，庭院中的大树在夏季可以遮阳，冬季太阳高度角小，不妨碍阳光间的日照与获得太阳辐射。阳光间周围的水景设计不仅给庭院增加趣味性，而且夏季很好地起到给阳光间降温的作用。由于内蒙古地区冬季气候寒冷，植草砖因长期的冻融循环易被破坏，建筑物尤其是高层建筑北向阴影长，不利于绿化物种的生长，故这两项指标相对不宜实现。建筑师应积极尝试有利的场地绿色设计，使得场地的小气候舒适（见图6-4）。

图6-4　内蒙古工业大学新设计院与内蒙古工业大学建筑馆的水景与透水地面效果
图片来源：作者自摄

第二节　节能与能源利用设计策略

严寒地区建筑的采暖能耗占全国建筑总能耗的比例较大，同样严寒地区采暖节能潜力也是我国各类建筑能耗中最大的，是我国目前建筑节能设计中的重点，应该严格执行建筑节能设计，严格推行《公共建筑节能设计标准》（GB 50189—2015），使建筑的节能性能得到明显改善。建筑节能设计包括建筑单体节能要求、建筑设备节能要求、可再生能源利用这三个方面。在内蒙古地区，采取被动式节能设计策略的公共建筑在节能与能源利用本体设计方面做得较好，但仍存在几方面不足：首先，方案设计初期所渗入的节能思想有限；其次，节能的达标过分依赖调整围护结构的传热系数；最后，建筑节能设计的经济性优化不足。因此，本书主要从被动式设计策略出发，详细分析内蒙古地区被动式节能设计较好的实例。

一、建筑单体节能

建筑单体节能主要通过建筑形状、尺寸、体形、平面布局等多方面进行有效设计，使建筑物冬季有效利用太阳能减少采暖能耗，夏季有效遮阳隔热通风并减少空调设备能耗。单体建筑的节能设计内容主要包括建筑围护结构的节能设计和采暖空调系统的节能设计。建筑围护结构的节能设计主要是指建筑物墙体节能设计、屋面节能设计、外门和外窗节能设计、底层地面及楼层地板的节能设计。在单体设计方面，积极采用被动式设计，如在冬季设置日光间、封闭阳台、外门厅的门斗；在夏季附加合适的遮阳、通风措施等。

（一）建筑体形与节能的关系

建筑体形的变化直接影响建筑采暖空调的能耗大小，建筑体形系数是指建筑物同室外大气接触的外表面积与其包围的体积的比值。建筑单位面积的外表面积越小，外围护结构的热损失越小，就此而言，将建筑体形系数控制在一个较低的水平能很好地降低建筑能耗。但是，体形系数过小可能造成建筑造型呆板、平面布局困难，甚至有损建筑功能，限制建筑师的创造性。因此，尽可能地结合当地气候条件减少建筑的外围护面积，建筑体形宜简单，凹凸面不宜过多，以达到节能的目的。

一般来说，可以采取以下几种方法控制建筑物的体形系数：

（1）对于长条形的建筑，最好的体形是长轴朝向东西的长方形，其次是正方形，长轴南北向的长方形体形系数最差（见表6-1）。

（2）对于体形系数相同的建筑，不论建筑面积大小，平面形状怎样，只要围护结构的节能措施相同，单位建筑面积通过外围护结构的显热传热量就相同，因此，设计师在设计建筑方案时，只要建筑体形系数相同，就可以灵活地选择建筑的平面形状和建筑体形。

（3）对于面积和总高度相同的建筑，建筑长宽比越小体形系数越小，因此，设计师应选择长宽比较为接近的平面形式。

表6-1　体积相同表面积不同建筑的体形系数比较

建筑的体形	4, 4, 4	3, 3, 71	16, 2, 2	71, 3, 3	16, 2, 2
表面积F	80.0	81.9	104.0	94.2	132.0
建筑体积V	64	64	64	64	64
体形系数	1.25	1.28	1.63	1.47	2.01

在内蒙古地区，不但要求建筑体形系数小，还需要冬季太阳辐射得热多，以及对冬季避寒风有利。在进行建筑设计时，选择合适的体形受很多因素制约，

包括冬季气温、日辐射照度、建筑朝向、各朝向围护结构的保温状况和局部风环境状态等，设计要权衡建筑得热和失热的具体情况，优化组合各影响因素，得出合理的建筑形体。

内蒙古地区建筑体形的生态技术策略主要包括：

（1）控制建筑体形系数。具体方法有：加大建筑体量，增加长度与进深；体形变化尽量少，适当规整；设置合理的层数和层高。

根据我国建筑规范规定，内蒙古地区公共建筑的建筑体形系数应小于或等于0.4；居住建筑中，高层或中高层控制在0.30或0.25以下，多层不宜超过0.30，低层不宜超过0.55。公共建筑根据国家的建筑节能规范，如果体形系数大于所规定的限值，应采用“参照建筑对比法”进行节能分析判定。

（2）为了冬季获得更多的热量，尽量增大南向的得热面积。建筑朝向越偏离正南方向，建筑的长宽比对日辐射得热的影响就越小。在建筑设计中，最佳的体形并不一定由最佳的体形系数决定，应该是平均有效传热系数大的一面，其面积应相对小；平均有效传热系数小的一面，其面积应相对大。

根据相关资料，采暖地区加大建筑进深，如由8m增大到14m，可使建筑能耗指标降低11%～33%。

（3）内蒙古地区冬季寒风吹向建筑物外围护结构时，建筑物内的空气温度会明显下降，要减少风压对建筑物及建筑物室内温度的影响，在进行建筑物外轮廓设计时尽量避免与冬季主导方向正交。

（二）建筑外墙的保温节能设计

建筑外围护结构是直接接触外部空间的建筑构件，直接与外界的温湿度和热量进行交流和传递。对于建筑体形系数大的公共建筑来说，围护结构热工性能在节能设计中占有很重要的地位。外围护结构保温设计主要采用在建筑物外围护结构外侧贴装高效保温材料，如聚苯乙烯泡沫塑料板等。但由于聚苯乙烯材料须有外保护层，施工难度大，且材料遇火失稳，因此建议外墙保温可以结合具体的外装修设计，充分利用各种玻璃幕墙、金属饰面、外挂石材等装饰面层与围护结构之间的空隙形成密闭的空气间层，形成“双层自呼吸墙体”，利用密闭的空气间层的热阻这种最经济的方式，来提高墙体的保温能力，并且能有效提高外围护结构的保温、隔热、隔声功能，如图6-5所示，为墙体外保温层、玻璃幕墙、金属外挂墙等“双层自呼吸墙体”。

“双层自呼吸墙体”的工作原理：在冬季，由于空气是不良的热导体，相当于给建筑外层穿上了空气保温外衣，这个空气间层使得冬季室外寒冷空气进入室内起到了缓冲的作用。太阳辐射首先通过双层墙体间的空气进行预热，能够有效降低建筑表面的热损失，空气间层内部的内墙温度较高并且较稳定，有利于提高室内的热舒适性。在夏季阳光的照射下，双墙中的空气被加热，温度升高，比室外温度高，于是在

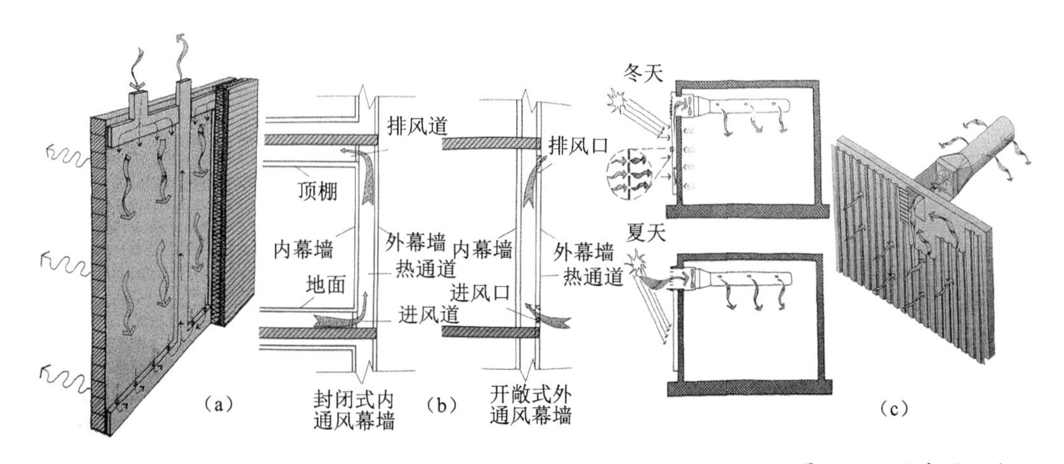

图6-5 双层自呼吸墙体

（a）墙体外保温层；（b）玻璃幕墙；（c）金属外挂墙

图片来源：作者自绘

热压的作用下，空气自下而上的流动带走热空气，产生很好的通风作用，达到降低房间温度的效果。在制冷作用下，遮阳百叶放下遮挡太阳辐射，空气间层以对流方式传递热量，空气间层内被加热的空气在热压或风压的作用下，以通风方式排出建筑。

（三）建筑物屋面节能技术

屋面作为建筑外围护结构，对建筑顶层房间的室内微气候影响不亚于外墙，公共建筑屋顶面积占外围护面积比例比居住建筑大，故对于屋顶的节能也应是外围护节能设计的重点。在按照建筑节能设计标准要求确保其保温隔热水平的同时，还应该选择新型防水材料，改进其保温和防水构造，全面改善屋面的整体性能。对于公共建筑而言，坡屋顶或者高出屋顶的高侧窗对建筑节能非常有利，坡屋顶比平屋顶接受日照面积大，能够更多地在坡屋顶上设置太阳能光电板或者太阳能集热器等装置；并且坡屋顶上开高侧窗，对于进深较大的公共建筑来说，既可以避免眩光，也可提供更好的室内采光；坡屋顶对公共建筑内部的通风也能起到一定的作用，可以安装捕风窗或者利用烟囱效应。内蒙古工业大学建筑馆扩建工程屋顶的设计有利于采光、通风（见图6-6）。

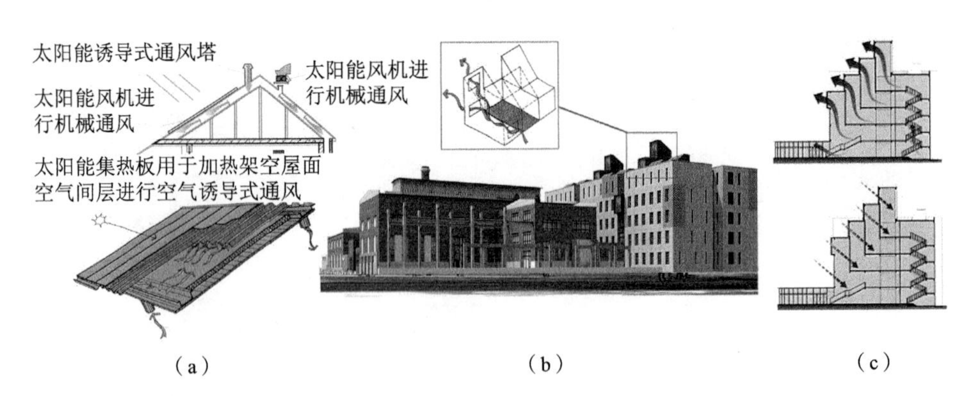

图6-6　建筑物屋顶节能设计

图片来源：课题组资料

（四）建筑物门窗节能设计

建筑外门窗对建筑节能效果影响较大，有关部门统计表明，传统建筑物通过门窗损失的能耗约占建筑总能耗的50%，而通过门窗缝隙损失的能耗约占门窗总能耗的30%～50%，建筑外门窗已成为建筑物第一耗能部位，并且门窗的处理技术相对其他围护结构难度大，由此可见，加强建筑外门窗节能设计和管理，是改善室内热环境质量、提高建筑节能水平的重要环节。

（1）控制建筑各朝向的窗墙面积比。建筑围护结构节能检测表明，窗墙面积比是影响建筑能耗的重要因素，一般来说，窗的保温性能比墙的保温性能差得多，而且窗的周围容易出现热桥，所以窗的面积越大，其传热量也就越大。因此，必须限制窗墙面积比来降低建筑的能耗。建筑节能设计中对窗的设计原则是：在满足功能要求的基础上尽量减少窗户的面积。我国现行标准《公共建筑节能设计标准》（GB 50189—2015）中对公共建筑窗墙比作了规定："建筑每个朝向的窗墙面积比均不应大于0.7，当窗墙面积比小于0.4时，玻璃的可见光透射比不应小于0.4"。公共建筑的形式多样，功能各异，由于公共建筑多数在城市的繁华地区，从建筑师到使用者都希望公共建筑更加通透明亮、立面更加美观、形态更为丰富。因此，公共建筑的窗墙比要比居住建筑大一些，故在节能设计中要谨慎使用大面积的玻璃幕墙，以避免加大采暖及空调的能耗。内蒙古地区公共建筑在开窗方面具有一些节能策略，如图6-7所示。

图6-7为部分公共建筑的开窗形式，可见许多外窗均为长条窗，这种设计方式比较节能。首先，窗户位置越低越节能。随着窗户位置的升高，近窗处的照度值大幅降低，这是因为窗台挡住了一部分阳光。而窗户位置越低，房间内的照度值越高，照明能耗越低。但是，窗户位置越低，室内视觉舒适度越低。因此，

图6-7 代表性公共建筑开窗形式
图片来源：作者自摄

在采光节能设计中，既要考虑到低窗位对采光照度值的促进作用，也要考虑由于采光照度平缓对室内人员视觉舒适度的影响。其次，窗形越瘦高越节能。试验表明，窗上沿的高度越高，光在进深的方向上均匀性越高。而随着窗宽度的增加，室内的采光照度值反而没有同比提高，人工照明的能耗呈上升趋势。因此，在进行窗形设计时，需要充分考虑是否有利于采光节能设计。最后，高侧窗可以增加照度均匀度，高侧窗对于改善室内照明环境作用很大，由于夏季高角度的太阳直射光极易造成近窗处出现眩光，因此高侧窗可以提高室内的采光照度均匀度，改善室内的采光效果，进而减少照明能耗。因此，内蒙古地区公共建筑的这种开窗方式较为节能，可以大力推广。实践证明，该区的开窗形式应注意以下要点：在保证室内空气质量必要的换气次数前提下，尽量缩小开扇的面积；在相同面积的前提下，镶嵌玻璃的面积应尽可能大。

（2）窗的遮阳。在严寒地区，阳光充分进入室内，有利于降低冬季采暖能耗，如果遮阳设施阻挡了阳光进入室内，则对自然能源的利用和节能是不利的。并且，如前所述的“双层自呼吸墙体”内设置百叶，可有效避免夏季室内过热的现象，又如内蒙古工业大学建筑馆的门厅即阳光间的周围有水景的设计，夏季水蒸发可以降低阳光间内的温度。因此，处于严寒地区的内蒙古采取遮阳措施较少。

二、建筑设备节能

公共建筑设备的能耗占建筑总能耗的比例很高，因而建筑设备的节能在绿色建筑中占有很重要的地位。据调查，大型商场、高档写字楼、高档酒店旅馆等公共建筑的能源消耗中，约50%～60%的能源消耗用于空调的制冷、制热及采暖系统，而20%～30%的能耗用于照明设备（见图6-8）。由此可见，采暖、空调和照明系统的节能显得十分必要。鉴于作者所学有限以及本书主要研究的是建筑设计方面的节能，故设备的节能设计此处只提一些建议，并不系统论述。

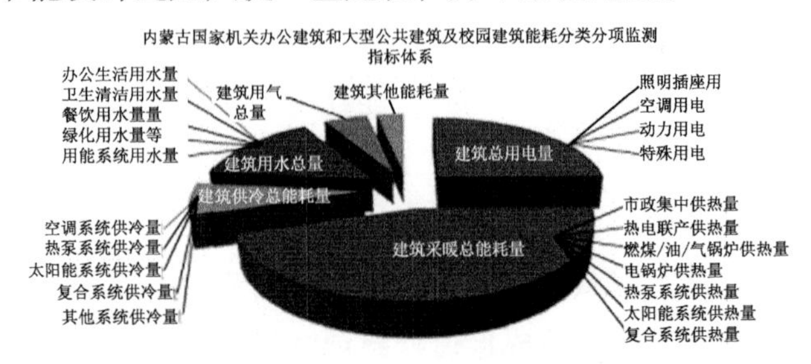

图6-8　内蒙古自治区公共建筑能耗指标体系

图片来源：内蒙古自治区统计局

（一）供热采暖节能设计

内蒙古处于严寒地区，供热采暖季节较长，因此，供热采暖系统的节能显得尤为重要。公共建筑的体形比住宅建筑大得多，空间形式也多种多样，柱网结构更灵活通透，所以公共建筑室内环境易随室外气温的变化而变化，为了改善这种现象，不仅要合理设计外围护结构，还应该积极利用智能技术实现设备的供热量与建筑的需热量相一致，避免能源浪费，并且选用高效的节能设备与系统。

（二）空调系统节能设计

在内蒙古地区的气候条件下，空调的使用率在居住建筑中并不是很高，而在大型酒店、商场、高档办公楼、旅馆等公共建筑中，空调的使用较为频繁。因此，在空调系统节能方面，着重考虑全新风运行以及大型公共建筑中空调系统的分区设计，降低输送能耗。

（三）建筑照明系统节能设计

照明在各类建筑的能耗中都占有相当的比例，据调查，公共建筑用电量中，照明用电大约占40%，电梯用电大约占10%，由此可见，建筑照明在能耗中占有很大比例，因此具有巨大的节能潜力。实践证明，在照明设计中采用节能型器具可以节约照明能耗的40%，并且能够明显感受到照明质量的提高。照明系统的节能设计策略主要有以下几项：首先，选择优质高效的节能光源，尽量减少能耗较大的白炽灯的使用量，如推广新型高效LED光源，它的能量转化率非常高，寿命可达到10万小时左右，比荧光灯节约50%的能源，还可以与太阳能电池结合起来应用，节能又环保。其次，采用高效率节能灯具及器件，选用直接型灯具；选用合理的照明方式，可适当采用局部照明或混合照明的措施；建筑照明控制的节能措施，充分利用天然光的照度变化，正确决定照明的点亮范围；公共场所照明，可采用集中控制的遥控管理方式或自动控光装置等，实现这些场所的照明自动控制；最后，建筑照明要充分利用天然光。

三、可再生能源利用

地方建筑中蕴含着较多的构造措施和设备设施，可以在新时期的建筑设计中充分利用和创新。有时候，经过技术的改造，最原始的东西也可能成为最先进的东西，从穴居发展出来的覆土建筑就是一个例证。从生态系统的角度来讲，高效的建筑应该充分利用外部环境所提供的可再生自然资源，包括风、太阳、雨、绿地区域、土壤（各种地热资源）等。例如，雨水可以收集起来，满足制冷、冲洗和灌溉等需要；通过绿化植栽可以调节气候等。这些资源的利用和开发在现在的设计中已经开始受到更多的重视。而且，很多技术手段的运用，可以更多地节约能源，也适用于现在最受关注的建筑节能问题。

可再生能源是指在自然界中可以不断再生并有规律地得到补充或重复利用的能源，例如太阳能、风能、地热能、生物质能等（见表6-2）。由于可再生能源的清洁性与可再生性，近年来在世界范围内得到了迅猛的发展。太阳能、风能作为内蒙古地区的优势能源，加上相对成熟的应用技术，理应成为绿色建筑可再生能源利用方面发展的重点。

表6-2　可再生能源的利用

可再生能源利用方式			建筑用途	优点	缺点	内蒙古公共建筑适用性
太阳能	太阳能发电		提供建筑用电	清洁安全、资源充足	价格昂贵、发电率不高	短期内不适合使用，不推荐
	太阳能采暖	被动式	建筑冬季采暖	原理简单、不增加额外成本	采暖性能不稳定	推荐
		主动式	建筑冬季采暖	无污染、减少常规能源消耗	集热器占地面积大，初投资大	不推荐
	太阳能热水		提供建筑热水	无污染、减少常规能源消耗		结合地区建筑需要合理设置
	太阳能制冷		建筑夏季制冷	比传统空调减少能耗	初投资稍高	采用中央空调的办公楼、商场等推荐使用
地热能	地热供暖		冬季供暖	减少能耗	初投资较高	内蒙古地区不推荐
风能	风能发电		建筑用电	清洁能源	发电不稳定	内蒙古可结合太阳能形成风-光互补发电
生物质能	沼气		炊事燃烧	清洁能源	沼气池用地与管理	内蒙古新农村住宅可用
其他能源	污水和废水热泵技术		空调冬季采暖、夏季制冷	比传统空调降低能耗	初投资稍高	不适合建筑单体使用
	地源、水源热泵		空调冬季采暖、夏季制冷	比传统空调降低能耗	初投资稍高	不推荐
	地道风空调		冬季采暖、夏季制冷	不消耗常规能源	有地质要求	推荐，地下水位较低、地质条件较好的地区使用

（一）太阳能的利用

自古以来，我们的祖先在修建房屋时，就懂得充分利用太阳的光和热。无论庙宇、宫殿，还是官邸、民宅，都尽可能坐北朝南布置，以增加采光和得热。这些传统建筑可以说是最原始、最朴素的太阳房。当然，这种太阳能利用还仅仅是感性、自发的，处于低级阶段。

随着生产力的发展及煤、石油、天然气等非再生能源的大量开发，人们对太阳能的依赖相应减少，使得在相当长的历史时期，太阳能在建筑中的利用技术发展缓慢。到了近代，人们逐渐意识到非再生能源会枯竭，太阳能才重新受到重视，特别是20世纪70年代以来，世界各国将太阳能建筑的研究、应用、开发推向了新阶段。

依据利用太阳能的状况，可将太阳能建筑划分为三个发展阶段：

（1）被动式：据建筑朝向、环境布置、内部空间、对外部形体的巧妙处理以及材料、结构的恰当选择来集取、蓄存、分配太阳热能。

（2）主动式：由太阳集热器、管道、风机或泵、散热器及贮热装置组成太阳能采暖系统或由吸收式制冷机组成太阳能供暖和空调系统。

（3）零能耗：利用太阳能电池等光电转换设备提供建筑所需的全部能源，完全用太阳能满足建筑供暖、空调、照明、用电等一系列功能要求。

内蒙古地区太阳能资源十分丰富，年平均日照时数在2900～3400小时，年太阳辐射总量为4750～6500MJ/m^2。太阳能资源的年日照时数、总辐射量均呈现自东向西递增的特点。该区太阳能资源量仅次于西藏，居全国第二位。

目前，内蒙古地区已建成太阳房6000多栋，约

12.5万平方米,其中大部分是牧民住宅和中小学教室，采暖效果十分理想。以内蒙古一座位于北纬48° 高寒区的太阳房为例，冬季在无辅助热源的情况下，太阳房室内最高温度可达12～16℃，清晨最低为5～8℃。和同等规模的常规建筑相比，节能率在60%以上。太阳房的造价一般比普通住宅高10%～20%，对大部分居民来说，是可以接受的。

太阳能的被动式应用主要针对冬季采暖，是不借助复杂的控制系统而对太阳能进行收集、储藏和分配的过程，这种功能建立在对建筑设计的综合研究之上，主要依靠外围护结构的各组成部分共同协作，最大限度利用太阳辐射的潜能。每一个被动式采暖系统至少要有两个构成要素：朝南向的房间以及由砌块、水或新型相变材料等构成的蓄热体。同时，外围护结构应有良好的保温性能，尽量减少进入室内的太阳能得热向外散失。蓄热体一般指可以储存热量的集热体，有附属于建筑物构造体或不附属于建筑物两种存在方式。当其属于构造一部分时，则一方面支撑建筑物，另一方面储存热量。当其不属于构造体的蓄热体而能独立地设置在建筑物中时，可灵活增减，配合季节调节室内温度变化。在建筑中比较蓄热材料的性能，主要考虑体积的热容量与材料的传导性。通常，在建筑中作为建筑部件的混凝土、岩石、砖等重质材料是理想的蓄热材料。水也是一种非常好的蓄热材料，不仅因为其有很高的热容量，还因为其有很高的热吸收率。新型相变材料则有着更优良的蓄热性能，前几种材料所储存的热量是显热，而相变材料储存的是潜热，因为材料的相变过程伴随有较多能量吸收和释放。在清华大学超低能耗楼的地板中采用了新型相变材料蓄能地板，该材料的相变温度在20℃，能显著增大房间的蓄热能力，减少室内温度波动。

被动运用太阳能的方式包括直接受益式、附加阳光间式、对流环路式。

1. 直接受益式太阳能

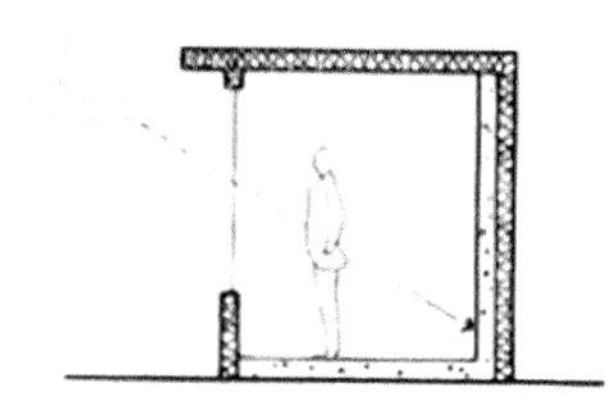

图6-9　直接受益式太阳能
图片来源：课题组资料

（1）原理：住宅建筑利用太阳能采暖最普遍、最简单的方法，就是让阳光透过窗口直接照射进来，达到提高室温的目的。这就是直接受益式太阳能的基本原理（见图6-9）。朝南的窗口是一个直接获取太阳能的系统，而其他朝向的窗口在冬天所丧失的热量比其获得的要多。因此，直接受益式太阳能需要的基本条件如下：

1）采热面（玻璃窗或墙体）有较大的面积并尽量朝向正南。

2）应选用高透过率的透明中空玻璃，既要让更多的阳光照射入室内，也要防止夜晚玻璃散热。

3）阳光要照射到蓄热体上。

4）蓄热体越多越好，蓄热体是室内温度稳定的保证。

（2）特点：直接受益式太阳能是应用最广的一种方式，构造简单，易于安装和日常维护；与建筑功能配合紧密，便于建筑立面的处理；室温上升快，但是室内温度波动较大。

设计直接受益式太阳能时，要求外围结构有较高的保温能力，室内有足够的蓄热体，窗扇的密封性能要好，最好配有活动可控的夜间保温装置。

设计日光间采暖时，要注意以下三个方面：一是蓄热体的材料与面积。蓄热体的面积与窗玻璃的面积比至少应是3:1。二是注意蓄热体的颜色。在日光间中，蓄热体通常为深色较好。三是要注意共用墙上通风口的大小。若是门，为玻璃面积的10%；若是窗，为15%；若是成对的通风孔，为6%。

最普通、最简单的方法是阳光透过窗户照入室内。可节省2%～3%以上的非再生能源。

（3）设计标准：阳光在每年需要的时间射入，得热量与使用者舒适要求相符合（温度波动），选用适宜玻璃， 减小通过玻璃的热损失，阳光射入建筑的方式与使用方式一致（直射/眩光/漫反射）。

设计内容：窗户，蓄热体（材料、位置、数量），活动保温装置（保温帘、保温板、活动百叶）。

2. 附加阳光间式太阳能

附加阳光间是利用“温室效应”获得太阳能的又一有效途径，是一种特殊的直接受益形式，常在建筑的南向区域（阳台、廊、小门厅等）增加透明玻璃，使其成为封闭空间，其中再设置一定的蓄热体，在太阳辐射作用下，阳光间迅速升温，一部分热被储存，一部分热通过组织进入室内，改善室内舒适度（见图6-10）。

（1）原理：向阳侧设置带玻璃罩的蓄热墙体，利用南向垂直集热蓄热墙吸收穿过玻璃采光面的阳光，通过传导、辐射及对流，把热量送至室内。墙的外表面涂成黑色或某种深色，以便有效地吸收阳光。

（2）基本形式：特朗勃墙。在向阳侧设透光玻璃构成阳光间接受日光照射，是直接受益式和集热蓄热墙式的组合。阳光间可结合南廊、入口门厅、休息厅、封闭阳台等设置，可作为生活、休闲空间或种植植物。该形式具有集热面积大、升温快的特点，与相邻内侧房间组织方式多样，中间可设砖石墙、落地门窗或带槛墙的门窗。阳光间内中午易过热，应该通过门窗或通风窗合理组织气流，将热空气及时导入室内。只有解决好冬季夜晚保温和夏季遮阳、通风散热，才能减少因阳光间自身缺点带来的热工方面的不利影响。冬季的通风也很重要，因为种植植物等，阳光间内湿度较大，容易出现结露现象。夏季可以利用室外植物遮阳，或安装遮阳板、百叶帘，开启甚至拆除玻璃扇。

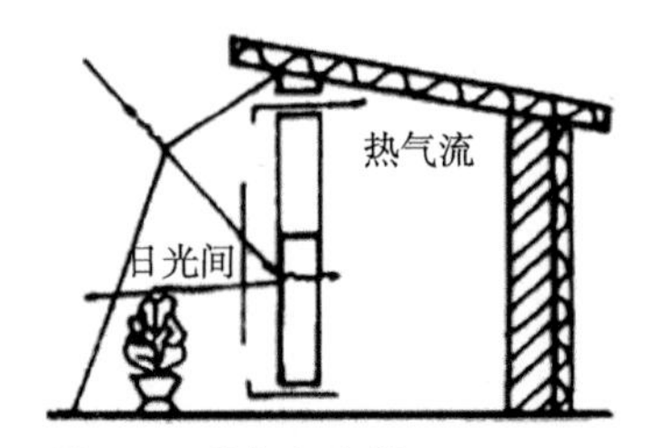

图6-10　附加阳光间

图片来源：课题组资料

在内蒙古地区，当玻璃窗的倾斜角为50°～60°时，太阳热能达到最大值，如图6-11（a）所示。但是，考虑到安全性、防水性和最重要的遮阳性，竖直窗还是最可取的。一种折中的方式如图6-11（c）所示，效果较好。

图6-12是内蒙古赤峰市经棚镇新村某民居。建筑主体是传统的北方民居建筑形式，坐北朝南，屋顶采用双坡。南面加盖了阳光间，增加了日照面积。

城市居住建筑的阳台是居民接触自然的室外空间。久居室内，到阳台上可呼吸清新空气，观看景色，养花喂鸟。在内蒙古地区，大部分南向阳台都封闭成了阳光间，这种方法不仅有利于被动式采暖，而且还能起到防风沙、隔噪声等作用。但由于多数封闭阳台采用推拉窗，可开启面积小，置身其中有如在室内房间，弱化了阳台与自然界交流的作用。开窗面积小使得夏季通风量降至原来的50%，加上遮阳不利导致阳光间温度过高。因此，封闭阳台存在冬、夏两季

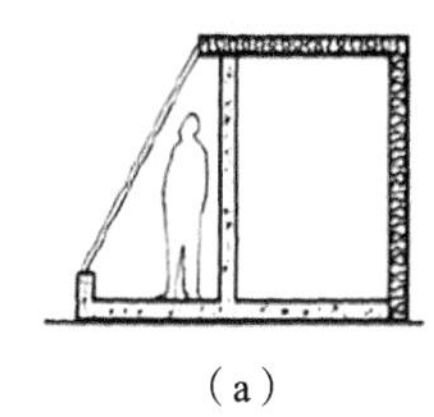
（a）

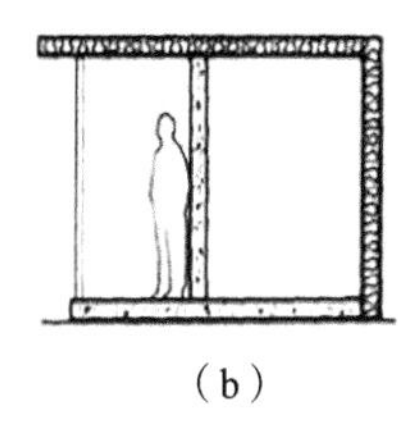
（b）

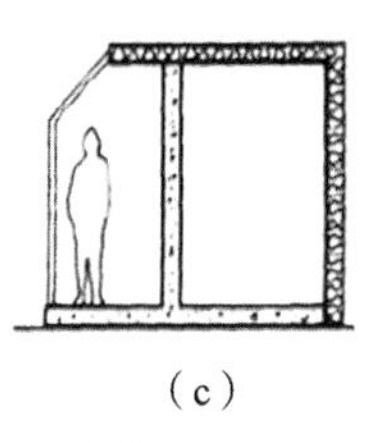
（c）

图6-11　阳光间玻璃倾斜角变化

图片来源：课题组资料

图6-12　经棚镇新村民居附加阳光间

封闭与开敞的矛盾。封闭阳台的开敞程度取决于阳台窗户的开启方式与开启大小，因此，阳台窗的合理设计是封闭阳台可开敞的关键。

在现代居住建筑设计中，为取得良好的视觉效果，常常将阳台栏板设计成通透的玻璃，冬季有利于被动式应用太阳能，夏季也能利用自然通风散热，使阳台空间具有更加主动的调控性，成为室外与室内的空气缓冲层。

3. 对流环路式

特朗勃保温墙（Trombe Walls）是对流环路式蓄热墙的代表，已由法国太阳能实验室主任费利克斯·特朗勃（Felix Trombe）教授于1966年提出并用于实验。这种蓄热墙利用热虹吸管温差环流原理，使用自然的热空气进行热量循环，提高房间温度。

在集热墙向阳表面涂深色的选择性涂层加强吸热并减少辐射散热，使墙体成为集热和蓄热体，墙体上下设有通风孔。在外表面离墙体100mm处装透明玻璃，构成空气间层。冬季白天，间层中空气受热形成热压，通过墙顶与底部通风孔向室内对流供热。夜间，将通风孔关闭，玻璃和墙之间设置隔热窗帘，减少散热，这时由蓄热墙体向室内辐射、对流传热（见图6-13）。

特朗勃墙在夏季将室内墙体上下通风孔关闭以防止室内过热。白天开启玻璃窗顶部和底部通风孔，空腔中利用隔热窗帘或百叶遮阳，玻璃与隔热层之间的空气受太阳辐射加热上升至顶部通风孔流出，稍冷的空气则由底部通风孔进来。在夜间，将隔热窗帘或百叶打开，使墙体尽可能向外散热（见图6-14）。

克什克腾旗的太阳能房屋就是采用这种原理设计的（见图6-15、图6-16）。集热墙外表面涂有吸收层，吸收率增大，但同时表面黑度增大，墙体长波辐射热

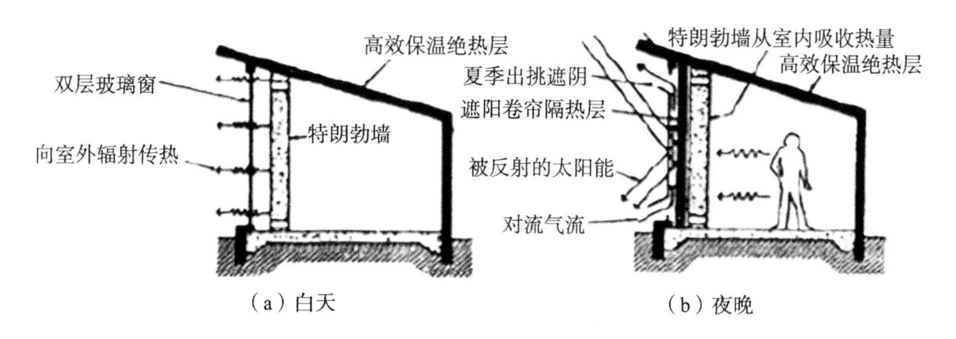

（a）白天　（b）夜晚

图6-13　冬季特朗勃墙工作状况

图片来源：《节能建筑》

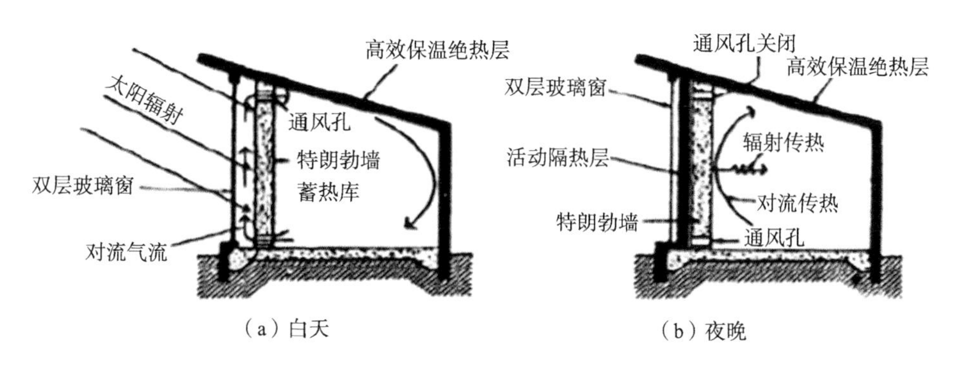

（a）白天　（b）夜晚

图6-14　夏季特朗勃墙工作状况

图片来源：《节能建筑》

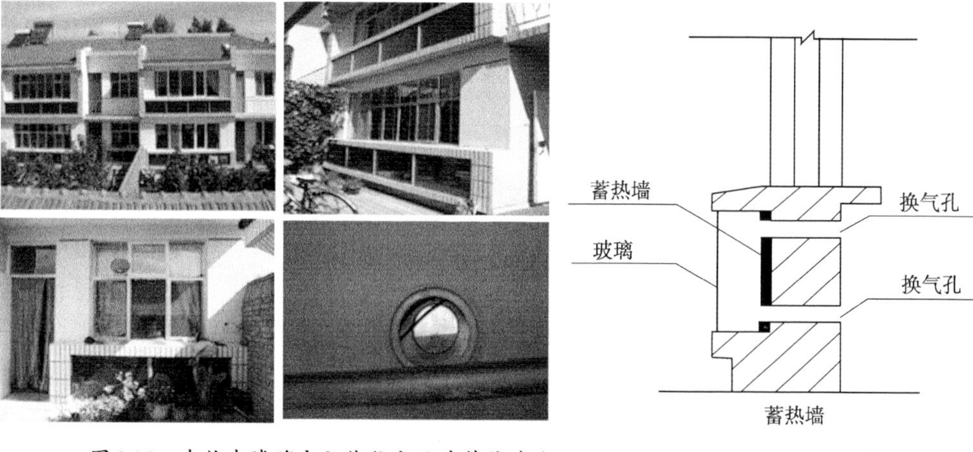

图6-15　克什克腾旗太阳能住宅及其蓄热墙体

图片来源：课题组资料

图6-16　蓄热墙构造

图片来源：课题组资料

图6-17 农村太阳能房设计方案
图片来源：课题组资料

损失增多，部分抵消了吸收率提高所产生的增益。总的来说，采用涂层能使蓄热墙效率提高，为了在提高吸收率的同时降低表面黑度，采用选择性涂层，效果显著。

图6-17是课题组设计的农村太阳能住房。该建筑拟建在四面环山的村庄，村内道路自然曲折，房屋随地势错落有致。建筑设计有院落，住宅为两层。该建筑采暖面积约为120m^2，设计热管式太阳能集热器12m^2，储热水箱容积为2.4m^3。水箱通过浮球阀自动补水，水箱采用分层设计，实现夏季供生活热水、冬季主要采暖、过渡季节采暖的同时提供生活热水，系统全年利用率高。

采暖方式为低温热水地面辐射采暖，与对流采暖方式相比，可节能20%左右。系统中，太阳能集热器和辅助电加热设备切换采用自动控制和手动控制相结合的方式，太阳能集热器中循环介质采用防冻液，防止冬天冻结。太阳能集热器系统根据集热器出口水温（可设定）和水箱底部水温（可设定）决定集热器系统泵启动与否，主要防止水箱吸热。同时，采暖侧根据采暖（生活用水）出口水温（可设定）决定辅助电加热设备运行与否。

白天，室内舒适度主要以被动太阳房的附加阳光间保温、得热（并辅助部分太阳能集热器的集热量）来满足，太阳能集热系统通过设置水泵运行时间和开关各房间管道阀门实现分区、分时运行，以减少白天或夜间无人房间耗费的热能。综合考虑主、被动太阳能的热利用，基本实现太阳能供暖满足负荷80%以上，阴天和气温极低的天气，靠辅助能源供热以保证室内舒适度。

太阳能作为新型绿色能源，在北方地区村镇中的应用潜力很大。内蒙古大部分地区日照充足，设计方案所采用的都是较成熟的太阳能利用技术（见图6-18），设计及施工的难度较低且适用于大部分地区，此外，这些太阳能设施成本较低，具有很高的性价比。

内蒙古地区的太阳能资源丰富，仅次于西藏，居全国第二。太阳能建筑设计的重点是解决两个方面的问题：一是冬季通过充分摄取太阳辐射获得采暖热能，二是夏季减少室内接受的太阳辐射并通过一系列措施促进室内外通风。下面针对这两个方面的问题，进行被动式太阳能设计策略探讨。

被动式太阳能建筑设计需要遵循以下原则：建筑物具有非常有效的绝热外壳，南向设有足够数量的集热表面，室内布置尽可能多的蓄热体，主要采暖房间紧靠集热表面和蓄热体布置，而将次要的、非采暖房间围在它们的北面和东西两侧。被动式太阳能建筑采暖设计，应该根据工程实际情况选择适宜的技术路线（见图6-19）。

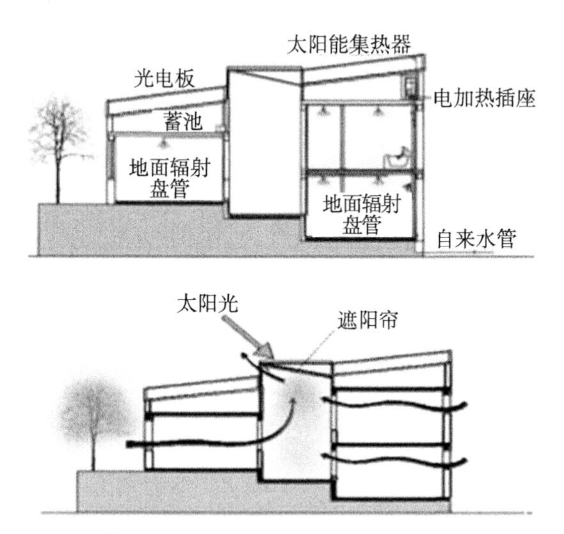

图6-18　太阳能利用分析

图片来源：课题组资料

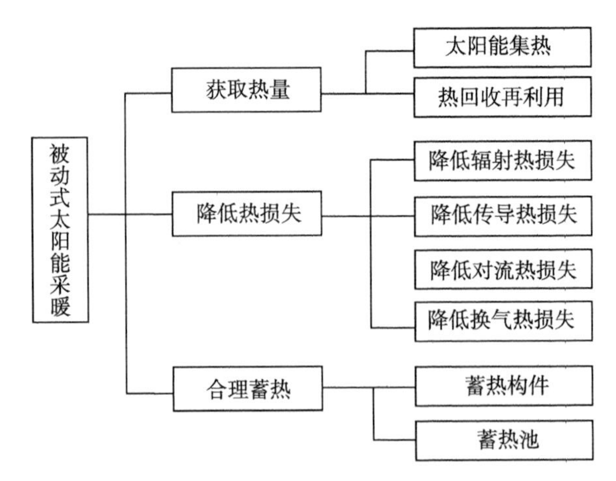

图6-19 被动式太阳能建筑采暖设计技术路线

（二）地热能利用

地球由外向内可分为地壳、地幔和地核。地壳从外到内分为变温层、恒温层和增温层。变温层由于受太阳辐射的影响，其温度有昼夜、年份周期性变化，深度一般在20m范围内。恒温层温度变化幅度几乎等于0，深度一般为20～30m。增温层在恒温层以下，温度随深度增加而升高，其热量的主要来源是地球内部的热能。地球表面年平均温度通常保持在15℃左右，这是因为地球每年接收到的太阳能中，大约有50%被地球吸收。其中有一半能量以长波形式辐射出去，余下的作为水循环、空气循环、植物生长的动力。通常把地下400m范围内土壤层中或地下水中储存的相对稳定的低温热能定义为地表热能。

浅层地热能（Shallow geothermal energy），是指地表以下一定深度范围内，温度一般低于25℃，在当前技术经济条件下具备开发利用价值的地球内部热能资源。浅层地热能不是传统概念的深层地热，是地热可再生能源家族中的新成员，它不属于地心热的范畴，是太阳能的另一种表现形式，广泛存在于地表层。它既可恢复又可再生，是取之不尽用之不竭的低温能源。这种低温能源，属于低品位的能源（通常温度<25℃，区别于石油、煤炭等一次性高品位能源），往往被人们所忽视。随着科学技术的进步和对自然环境的重视，浅层地热能作为一种可再生的、清洁的、能量巨大的新型能源受到广泛的重视，在全球范围内开始了对浅层地热能利用和运用的研究。目前，浅层地热能主要运用在建筑物的空气调节中。其方法就是通过热泵技术将地下低品位的浅层低温热源提取上来加以利用。

地源热泵技术是一种利用浅层地热资源，既可供热又可制冷的高效节能的空调技术。热泵的理论基础源于卡诺循环，与制冷机相同，是按照逆循环工作的。由于全年地温波动小，因此利用热泵技术，用少量高品位能源（电能），实现低品位热能向高品位转移，可分别作为冬季热泵供暖的热源和夏季空调的冷源，即冬季从地下采集热量，提高温度后供给室内采暖；夏季从地下采集冷量，把室内多余热量取出释放到地能中去。

地源热泵吸收土壤、岩石、地（表）下水中蕴藏的热量。由于离地面一定深度的土壤岩石、地（表）下水受外界环境影响较小，全年温度基本稳定，一般接近该地区的年平均气温，夏季地下温度低于室外空气温度，冬季地下温度高于室外空气温度，因此地源热泵的性能系数（或能效比）较高。

地源热泵技术，主要包括水源热泵和空气源热泵。虽然地热能的分布极具广泛性，但由于水源热泵初投资较高以及空气源热泵占地较多，且回灌难度较大，因此地源热泵技术在内蒙古地区的应用较少。

（三）风能的合理利用

风能是太阳能的一种表现形式，太阳能辐射的2%照射到地球表面，地球表面不同的地形、地貌各处受热不同，产生温差，从而引起大气的对流运动，空气流动的结果就是风。风能的利用方式有风力发电和机械能。

风力发电是一种干净的自然能源，没有环境污染的问题。风电技术日趋成熟，产品质量可靠，可用率已达95%以上，风力发电的经济性日益提高，发电成本已接近煤电，低于油电与核电。风力发电场建设工期短，单台机组安装仅需几周，从土建、安装到投产，只需半年至一年时间。其有利因素为普通性、持久性，不利因素为密度小、间歇性。

机械能利用形式有风力提水、灌溉、磨面、舂米、用风帆推动船舶前进。数千年来，风能技术发展缓慢。自1973年世界石油危机以来，在常规能源告急和全球生态环境恶化的双重压力下，风能作为新能源的一部分有了新的发展。科学家研究风力发电，电解水，产生氢气储存氢能，解决风的间歇性和电能量存储问题。

地球风能约为2.74×10^9MW，可利用风能为2×10^7MW，是地球水能的10倍。只要利用地球1%的风能就能满足全球能源的需要。降低成本，提高产出，是普及风能发电必须克服的障碍。

美国是世界上风力机装机容量最多的国家，超过2×10^4MW，每年还以10%的速度增长。瑞典、荷兰、英国、丹麦、德国、日本、西班牙制订了相应的风力发电计划。风力发电技术日趋受到世界各国的普遍重视。目前，全世界风电装机容量达到490万千瓦，而且还在以年均60%的速度增长，反映了当今国际电力发展的一个新动向。

季风气候是我国风力开发的优势，冬季季风在华北长达6个月，在东北长达7个月，东南季风则遍及我国的东部，全国风力资源的总储量为每年16亿千瓦，近期可开发的约为1.6亿千瓦。内蒙古、青海、黑龙江、甘肃等省、区、市风能储量居我国前列，年平均风速大于3m/s的天数在200天以上。

我国探明风能理论储量为32.26亿千瓦，可开发利用量为2.53亿千瓦，近海可利用风能7.5亿千瓦。东南沿海是最大风能资源区，风能密度为200～300W/m^2、大于6m/s的风速时间，全年3000h以上就可取得较大经济效益。我国风能资源丰富的地区主要分布在西北、华北和东北的草原和戈壁，东部和东南沿海及岛屿西部地区的风能资源占全国风能资源的50%以上。

内蒙古是我国风能资源较丰富的地区。全区年平均风速在1.8～5.5m/s，年有效风能密度大于200W/m^2，有效风能出现时间达70%，3～20m/s风速年累积5000h以上，一年四季均可利用。白天太阳辐射最强时，风最小；而夜间太阳辐射为零时，风反而最大。当白天风小时，依靠太阳能发电，夜间风大时，利用风力发电机发电，这样就起到了互补的作用。近年来，通过技术改进和攻关以及太阳能电池厂家的积极努力，太阳能电池的质量有了很大的提高，且价格大幅下降，这为风-光互补发电系统的推广打下了很好的基础，并且风-光互补发电系统在内蒙古也得到了大力发展，但目前风-光互补发电系统尚不成熟，因此还有很多工作要做。

图6-20　克什克腾旗风力发电场
图片来源：课题组资料

内蒙古地区的很多地方已经建有大型的风力发电场（见图6-20）。在风能较容易获得的牧区，居民也已经利用风力发电给自家供电（见图6-21）。

图6-21　牧区自用风力发电
图片来源：课题组资料

在建筑设计中，合理使用自然通风主要能够起到两个方面的作用，即改善室内热舒适和空气质量。在夏季，利用自然通风进行被动式降温可以降低空调能耗，并防止“建筑综合征”的发生；在冬季，自然通风需要被控制在恰好能够驱除室内多余的潮气和污染物的程度，以降低采暖能耗。

在设计初期阶段，搜集详细的气象统计数据，并对场地进行调研，掌握局部风环境的情况，才能为建筑获得良好的自然通风效果提供基础资料。场地风速频率、平均风速、风向分布、无风日数，以及场地周边的建筑、植物分布情况都对通风策略的制定产生重要影响。在进行建筑设计时，还要考虑建筑形体组合，建筑平面、剖面形式的合理选择等都是组织自然通风的重要措施。

房间的通风效果与建筑的开间、进深关系密切。建筑平面进深不超过层高的5倍或小于14m为宜，以便容易形成穿堂风。

门窗的位置关系对室内形成的对流风影响比较明显。图6-22是六种不同门窗位置形成的空气流动分析图，其中图（a）与图（b）的门窗直接相对，形成的

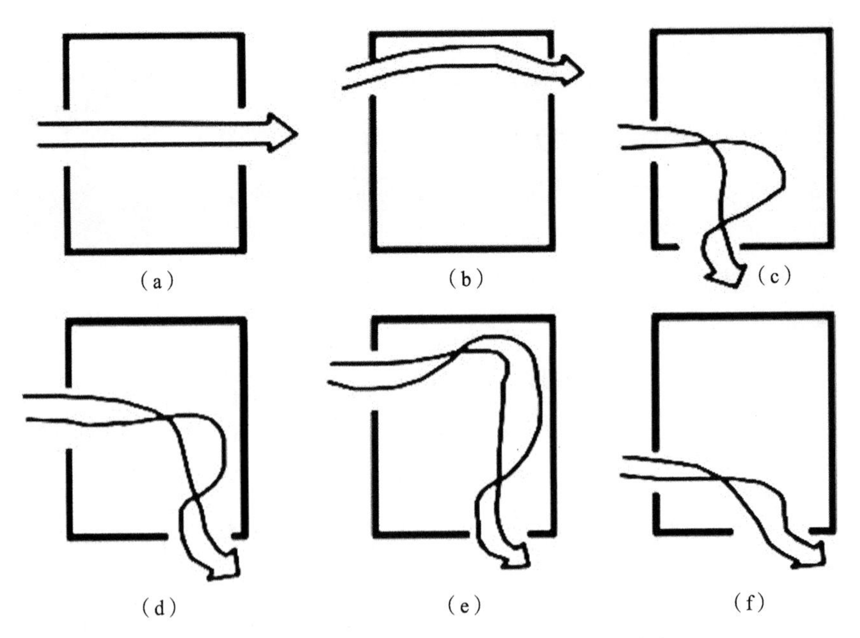

图6-22　六种不同门窗位置对房间所产生的不同的通风效果示意

图片来源：作者自绘

对流风风速较大，但是风吹过的范围较小；图（c）与图（d）都产生一定程度的空气贴墙绕行的现象，对流风吹过的范围较大；图（e）与图（f）由于风口的位置不同，产生了效果不同的对流风。根据对图6-22的分析，可在设计中针对不同的情况有意调整风口的位置，保证人经常活动的区域有一定的自然通风。

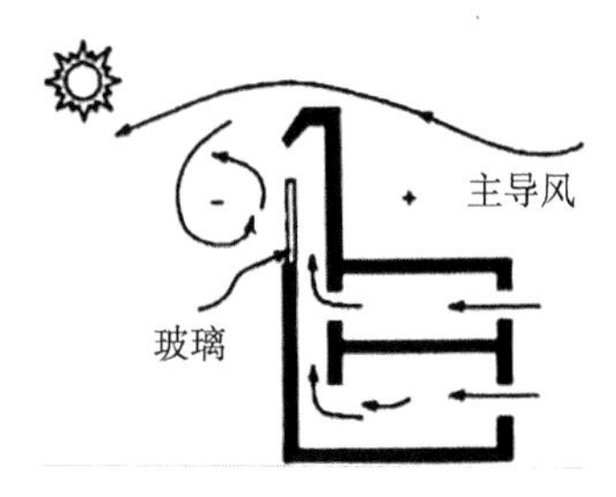

图6-23　太阳能烟囱原理
图片来源：《生态建筑节能技术》

门窗开启的方式与角度对自然通风产生影响。水平推拉窗，气流顺着风进入室内后，继续沿着其初始方向水平前进，窗户的最大通风面积为整个窗户的1/2；立旋窗，可调整气流量及气流的水平方向；外开标准平开窗，可通过不同的开启方式，如两扇都开，只开逆风或顺风的一扇，自由调节气流。

热压通风就是利用“烟囱效应”，其原理为热空气上升，从建筑上部风口排出，室内产生负压，于是室外新鲜的冷空气（比重大）从建筑底部吸入。室内外温差越大，进出风口高度差越大，热压作用越强。这种方法一般用于进深较大的公共建筑。

太阳能烟囱就是一种强化通风的手段。图6-23是太阳能烟囱原理图，即风塔内面向太阳的墙是透明的，让阳光透射到塔井内，加热对面的重质墙。塔内热量的聚集会增强塔内的烟囱效应，使空气上升得更快。

例如，清华超低能耗楼在楼梯间设置通风竖井，楼梯间顶端设计玻璃烟囱，利用太阳能强化热压通风，竖井每层设百叶进风口，负责不同楼层的通风（见图6-24）。

（四）生物质能的利用

生物质能分为传统生物质能和现代生物质能。内蒙古地区特有的传统生物质包括家庭使用的薪柴和木炭、植物性废弃物、动物粪便等。现代生物质包括工业性木质废弃物、城市废弃物、生物燃料（如沼气和能源性作物）等。

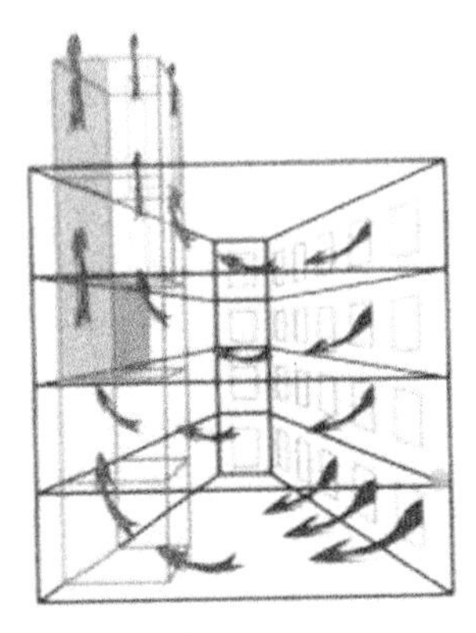

图6-24　清华超低能耗楼风塔设计
图片来源：《生态建筑节能技术》

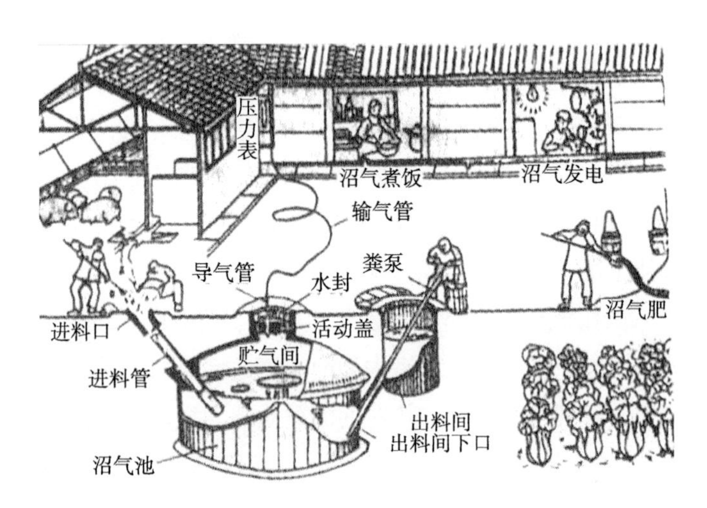

图6-25　沼气的制作和利用
图片来源：《生态建筑节能技术》

内蒙古农村地区，比较普及有效的生物质能就是沼气。将作物秸秆、人畜粪便、生活污水等有机物作为沼气发酵的原料（见图6-25）。

第三节　节水与水资源利用设计策略

一、节水器具与设备方面

绿化用水系统的节水设计，首先应从选择适于内蒙古绿化种植的植物种类开始，优先选择适于干燥、寒冷气候特点的耐旱、耐寒本土性植物作为公共建筑景观绿化植物，不宜使用单一物种，应选用复合式的以乔木、灌木、草皮植物为主体的立体生态群落，以此来增强植物抗旱、抗寒、抗病虫害等的综合抵抗力，还能够减少灌溉带来的水资源浪费。绿化用水系统应优先选用中水或者雨水等非传统水源，灌溉应采用节水灌溉技术，喷灌比漫灌要省水30%～50%，微灌比喷灌省水15%～20%[①]；并且要进一步加强绿化用水的管理系统，采取定时定量的用水规范限制等有效措施来进行节水。

二、非传统水源利用

（一）中水的利用

内蒙古地区中水系统的发展受限，人们的用水习惯以及目前中水利用技术的初投资成本较高，导致中水系统的经济效益极差，环境效益有限，因此，不主张内蒙古地区绿色公共建筑必须利用中水。同时，内蒙古地区鲜有市政再生水供应，即使在项目中应用了中水系统，也需注重其规模效益。

（二）雨水的利用

雨水的合理利用不仅可以有效节约生活用水，而且可以增加绿地土壤的含水量，及时补给地下水，同时减轻城市排水系统的负荷。基于雨水的收集量与生活杂用水的用水量及水质要求和常规雨水收集利用系统的高额投入，建议只对水质较好的雨水进行收集

① Mclann,A.et al.Water conservation for Rhode Island Lawns [J].J.awwa，1994.04.

与简易利用，尤其是对屋面雨水进行收集、利用。内蒙古地区雨水回用可以仅选择水质要求低的杂用途径，如绿化、道路冲洗以及观赏性水景，因此可以不经过严格的过滤消毒处理。屋面雨水经立管排至室外后汇集到室外雨水管网，因此雨水的收集过程简单易行，适于在内蒙古地区实行。雨水利用的主要构建筑物只有供弃流和溢流的沉淀蓄水池。可简化雨水利用系统，并极大减少后期的维护运营，大幅度降低雨水利用的成本。在屋面雨水利用中需重点注意以下几方面：

（1）重视屋面材料的选用。

（2）重视屋面雨水收集系统与屋面排水设计的结合。

（3）重视降雨初期雨水的弃流。

（4）合理确定沉淀蓄水池的规模与位置。

（5）采取必要措施防止蓄水池内水质恶化。

第四节　节材与材料资源利用设计策略

一、建筑设计优化

合理地进行规划与设计，减少材料的需求是建筑节材的基础。对于设计阶段的节材应从以下方面着重考虑：合理确定及协调建筑物及建筑各部分的使用年限以及内部空间的变动率，研究提高空间的灵活性以及将来适应性的可能；通过空间合理分配、整合与共用，减小建筑物面积的需求；深化建筑、结构、设备与室内装饰的一体化设计，如建筑空间与结构设计的融合；建筑形体与空间的设计有利于结构实现的节约性与经济性；建筑与室内一体化设计等；减少非功能性构件的投资；合理优化建筑的结构体系，并可通过使用高性能材料来控制结构实现的材料用量；建筑设计有利于施工节材。

内蒙古地区公共建筑中许多建筑在节材与材料资源利用上都有所建树，如内蒙古工业大学新设计院与内蒙古工业大学建筑馆中采用灵活隔断，并且基本实现室内装修与建筑一体化的设计手段，减少材料的浪费与垃圾的产生（见图6-26）。

图6-26　内蒙古工业大学新设计院灵活隔断与土建装修一体化

图片来源：作者自摄

二、建筑材料选用

绿色建筑设计阶段的选材原则与传统设计的选材最主要的区别在于是否考虑建筑材料的环境负荷。如上所述，建筑材料的环境负荷包括建筑材料的资源负荷、建筑材料的能源负荷与建筑材料的污染负荷，其中，材料的能源负荷及污染负荷又包括在材料的生产、运输、拆除回收等不同的阶段，从而要求在选择建筑材料时要综合权衡材料不同方面、不同阶段的环境影响。内蒙古地区旧工业厂房改造，如内蒙古工业大学建筑馆，就大量使用了废旧材料的回收再利用，有效节约了建材，减少了垃圾产生。

材料选用应遵循以下原则：

（1）必须选用安全、无害、环保的材料。

（2）鼓励选择资源消耗少、可节约生产的材料，减少不可再生资源的选用，如优先选用可再生材料、工业废料制品等。

（3）鼓励选择全寿命周期的低能耗材料，不片面强调某一阶段能耗。

（4）鼓励选用对环境污染小的材料，如优先选择本地材料。

（5）鼓励采用多种功能一体化的材料，如本身具有装饰效果的建材。

（6）鼓励选用耐久性好的材料。

（7）鼓励选用可循环、可再利用的材料，并充分利用回收的可再利用材料。

可选用的生态建筑材料包括：

（1）可循环使用的材料，包括钢材、玻璃、铝合金、黏土和石料等，可以重复使用或通过可再生循环使用的材料。其中，发展比较快的有玻璃。种类繁多的玻璃能够创造出多种建筑质感和立面效果，例如U形玻璃、丝网印花玻璃、喷沙玻璃等。复合玻璃还可以采用智能控制系统，如智能玻璃幕墙系统，其内层是中空保温玻璃，外层为单层钢化玻璃或中空保温玻璃。采用玻璃系统首先要考虑的因素指标是热工性能。

（2）具有生态性设计的改性材料，包括各种改性水泥、改性混凝土及利用矿渣废料生成的墙体砌块等。现在专家一致认为混凝土在今后相当长一段时间内仍是我国建筑的基本材料之一。很多专家对混凝土进行了大量实验研究，高强度混凝土、轻骨料混凝土、纤维混凝土已经运用到建筑中。此外，金属混凝土、聚合物混凝土等新型混凝土也在研制，将为建筑绿色材料提供更多的选择。

（3）可生长的建筑材料，包括可生长的动植物及其加工品，如木材、植物、动物的毛皮等。

三、建筑围护结构体系

建筑围护结构体系整体的绿色技术策略分别体现在建筑墙体、门窗、屋顶与地面几个方面。在内蒙古地区，符合严寒、寒冷气候特征的技术策略主要是建筑围护结构的保温技术。

（一）墙体技术策略

建筑围护结构的热工性能是建筑节能的重要技术指标。单一材料的墙体很难满足建筑室内环境舒适的要求，所以内蒙古地区建筑墙体的生态技术策略主要是复合墙体保温技术。复合墙体的保温形式有三种，即内保温、外保温和夹心保温。

保温材料的种类很多，其中模塑聚苯乙烯泡沫塑料（EPS）、挤塑聚苯乙烯泡沫塑料（XPS）、胶粉EPS颗粒保温浆料等适用于内蒙古地区墙体保温。

1. 城市建筑墙体

（1）加气混凝土外墙。加气混凝土可以作为承重

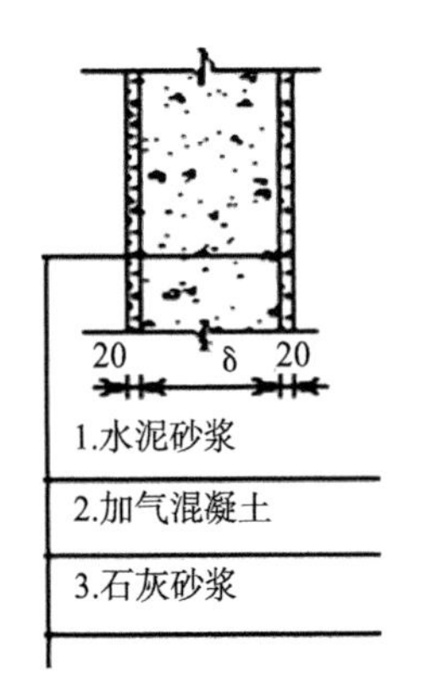

图6-27　加气混凝土外墙

图片来源：《生态建筑节能技术》

墙体结构，也可兼作保温结构，其密度、厚度不同，则墙体的传热系数和单价不同。加气混凝土外墙的保温形式有两种：其一，热桥外只贴苯板或只用加气混凝土；其二，两者同时使用（见图6-27）。

加气混凝土板质轻，具有良好的机械力学性能，极好的保温、防火、阻燃和较好的隔声、隔热性能，原材料资源丰富，可以加工和循环使用，造价低。

加气混凝土是绝热性能相当好的结构承重材料之一，是可以用于建造具有良好传热系数的同质单层墙体的材料。在一般的墙体材料中，加气混凝土是唯一能达到节能50%要求的外墙材料，一般情况下不需要增加其他绝热材料或空气间隔层，有良好的水蒸气渗透性及隔热性。

（2）混凝土空心砌块。混凝土空心砌块具有节土、节能，增加建筑使用面积等一系列优点，是一种绿色墙体材料，符合国家可持续发展的要求。混凝土空心砌块相对于较传统的黏土砖具有强度高的特点，所以常应用于承重建筑结构中，又以其自重轻等特点在非承重结构中得到大量的应用。图6-28为混凝土空心砌块外保温墙体，均为外保温，但保温材料有所不同，图6-28（a）~（d）中材料依次为聚苯板、水泥聚苯板、加气混凝土、岩棉板或玻璃棉板，双层的混凝土砌块墙体中间夹层为岩棉板或玻璃棉板。

粉煤灰烧结空心砖，利用工业废渣，节省黏土资源：粉煤灰中含有少量碳，可以节省燃料；自重轻，抗震性能好，能够减少工程造价。

（3）钢筋混凝土外墙。钢筋混凝土墙体的厚度有180mm、200mm、250mm，保温层材料为聚苯板、加气混凝土、岩棉板或玻璃棉板，保温层的厚度变化与其他墙体保温层的情况类似（见图6-29）。

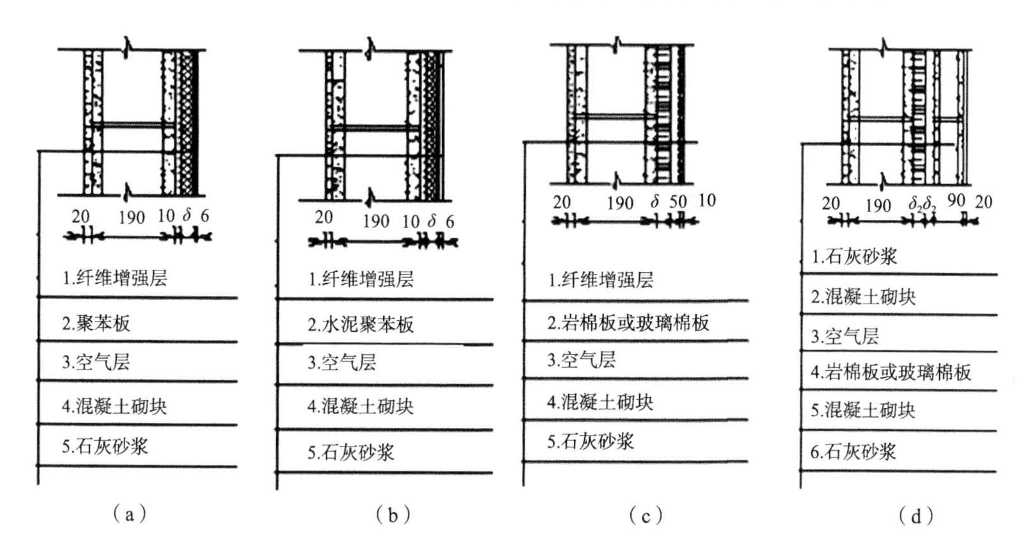

图6-28 混凝土砌块外墙

图片来源：《建筑节能技术》

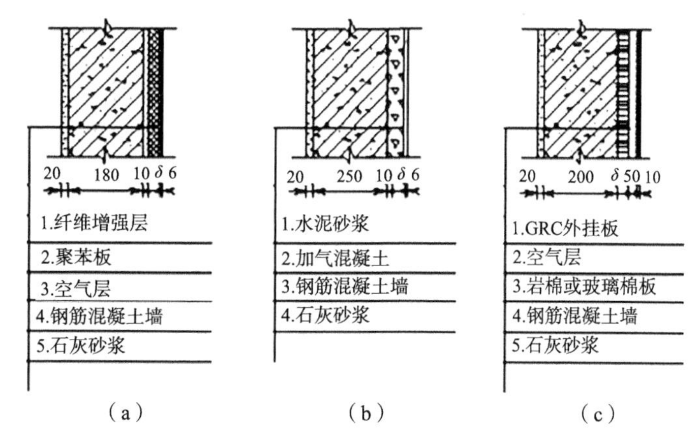

图6-29 钢筋混凝土外墙

图片来源：《建筑节能技术》

内蒙古地区建筑外保温要延续到墙面基础深度，才能满足要求。

2. 农村建筑墙体

（1）毛石墙。在山区，石材丰富的地方，可以采用毛石筑墙、木质屋盖。按1:5比例混合水泥和砂石，搅拌均匀倒入木质模板盒内（模板盒约一面墙长，宽30cm、高60cm）；倒入30cm厚的水泥砂石混合浆后，竖向插入一些长为10～30cm不等的长形石头，同时在模板盒中放入起拉结作用的钢筋。毛石混凝土蓄热系数大，热稳定性好，这种体系不但保温性能很好，而且就地取材又能保证抗震要求，非常适用于内蒙古山区和震区。

（2）草砖墙。在农村地区，农业废弃物如草料数量很多，用金属网把这些草料紧紧捆扎起来，压缩成长90～100cm、高36～40cm、厚45～50cm的草砖。这种体系保温效果比较好，适用于内蒙古严寒地区。

（二）门窗技术策略

建筑围护结构的门窗是影响室内热环境质量和建筑能耗的重要因素。门窗的能耗约占建筑围护结构总能耗的40%～50%。门窗的生态技术策略主要体现在门窗面积的大小、门窗材料等方面。

1. 窗墙面积比

建筑物开窗面积过小不能保证日照和采光的要求，但是开窗面积太大会导致采暖高能耗，所以窗墙面积比要既保证室内通风采光，又兼顾保温。

我国的建筑规范给出了内蒙古严寒地区不同类型建筑不同朝向的窗墙面积比限值（见表6-4）。

表6-4　内蒙古严寒地区不同朝向的窗墙面积比限值

建筑类型	北向外窗	东、西向外窗	南向外窗
居住建筑	0.25	0.30	0.35
公共建筑	0.45～0.50	0.30～0.40	0.70

2. 门窗材料

在内蒙古地区，窗户的材料主要采用传热系数小的保温玻璃，如双层玻璃、中空玻璃、复合中空玻璃等（见表6-5）。窗框的材料优先选择导热系数小的材料，如铝合金和PVC塑钢窗以及铝塑复合材料。

表6-5　玻璃热工性能参数

玻璃类型	普通单层玻璃	9mm厚空气层的普通中空玻璃	12mm厚空气层的普通中空玻璃	12mm厚空气层的中空Low-E玻璃	12mm厚空气层的中空双银Low-E玻璃
传热系数	5.8～6.4	3.2～3.5	2.8～3.2	1.6～1.8	1.2～1.4
遮阳系数	0.3～0.9	0.2～0.8	0.2～0.8	0.25～0.6	0.25～0.6

中空玻璃是在两片玻璃之间有干燥的空气层或惰性气体层，对于这样的玻璃，如果玻璃周边的密封失效，即使玻璃没有破损，也会出现内结露现象，中空玻璃性能会降低。这类玻璃在内蒙古地区的居住建筑中使用普遍。

在内蒙古地区，公共建筑常用一种低辐射玻璃（Low-emission Glass，Low-E玻璃）。玻璃的透光特性取决于玻璃原料的成分以及表面的膜层。冬季Low-E膜在太阳辐射光谱范围内有较高的透过率。将中空玻璃和低辐射玻璃相结合，具有更好的保温、隔声以及防结露性能。

3. 门窗气密性

在内蒙古地区，建筑物入口设置门斗或热风幕等避风设施，公共建筑外门设双道门以减少内部热量的损失。建筑物外门窗减少缝隙，应采取密封措施。

公共建筑外窗的气密性指标可参照相关规范《建筑外窗空气渗透性能分级及其检测方法》（GB/T 7107—2002）。

（三）屋面技术策略

屋面既要能承受各种荷载的作用，还要能抵御各种环境变化对建筑内部空间热环境的不利影响。屋面的技术策略主要体现在屋面层的热工性能。

在内蒙古地区，屋面的保温层不宜选用相对密度较大、导热系数较高的保温材料，以防屋面过重、厚度过大。屋面工程中常用的保温材料包括水泥膨胀珍珠岩、水泥蛭石、矿棉、岩棉等。

在内蒙古地区，住宅屋顶构建多以坡屋顶形式出现，坡屋顶更利于防水，不易出现裂缝和漏水现象。根据最佳热工计算方法确定南向屋面的倾斜角度，使南向屋顶面积较大，在白天饱受阳光的照射，可更好地调节室内温度。而北向屋顶面积较小，以减弱北风对住宅的压力，从而减少冬季的热损失。这种长短坡的屋顶更符合民居的美学原理。

（四）楼地面技术策略

在内蒙古地区，建筑地面沿外墙周边都应进行保温处理。在沿外墙内侧周边宽约1m范围内，地面温度之差达5℃。建筑与地面接触的部分也要做相应的保温措施。

第五节　室内环境质量设计策略

一、改善建筑室内光环境与视野

对于日照的强烈要求与内蒙古地区冬季漫长的气候特点密切相关，人们在同样温度感觉的情况下更愿意选择舒适的日光浴。对良好的视野需求则源于居住者的心理需求。合理的规划布局是室内获得充足日照，具有良好视野的基础，而建筑的合理采光又是解决这一问题的直接手段。

提倡利用自然光为公共建筑提供艺术与使用要求，当自然光不足时要适当选用人工照明作补充，在灯具的选择上尽量选用漫反射或经过折射的节能灯具，也可采用反光板、棱镜玻璃窗、天窗、下沉庭院等设计手法，以及各类导光技术和设施，有效改善这些空间的自然采光效果。内蒙古地区许多公共建筑采用天窗、高侧窗来改善室内采光不足的问题，如内蒙古工业大学建筑馆的室内采光设计（见图6-30）。

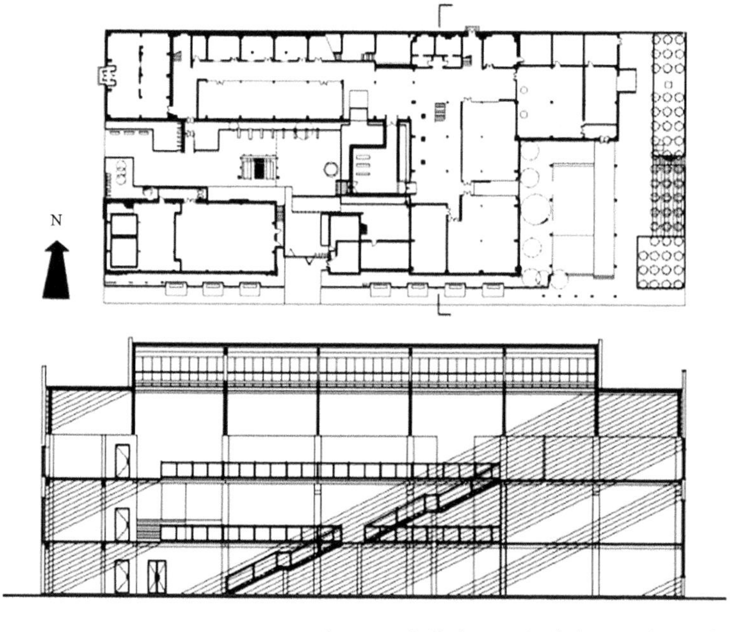

N

图6-30　内蒙古工业大学建筑馆采光分析

图片来源：作者自绘

二、改善室内热湿环境

本节主要讨论内蒙古地区春秋过渡季室内的热湿环境以及夏季部分地区过热的问题。春季的湿度环境确实不够理想，主要是源于春季干燥的室外气候特征，春季白天空气的相对湿度多数情况下不到20%，而人居舒适的湿度环境为45%～65%。尤其是相对湿度低于20%时，会对呼吸系统产生明显的危害。因此，有必要对春季室内的湿度进行相应改善。但基于春季持续时间不长及地区水质问题，没有必要设置专业的不经济的空调加湿系统，建议在设计中给予考虑，可采用一定的被动式改善方法。内蒙古的呼、包、鄂地区虽都处于严寒区，但夏季太阳辐射相对较强，加上近几年全球气温变暖，在夏季最热月会出现不舒适的感觉，因此，在类似地区进行建筑设计时需对夏季的自然通风及遮阳予以一定重视。经调研发现，内蒙古工业大学建筑馆夏季室内舒适度较高，建筑馆的改建利用原有地下通道并且结合旧厂房中的天窗、烟囱等，不但能够实现夏季通风，还可以降温、加湿，并保证室内空气的质量和环境舒适度（见图6-31）。但调研发现，报告厅夏季通风不利、闷热干燥，虽然设计原理利用了“大烟囱”，但“大烟囱”失去了原来的热量动力，被动式风压与热压已经不能满足通风的要求，因此，建议在报告厅的北侧窗安装一些机械通风的风扇，提供动力源，使整套系统能够很好地循环利用。

三、改善室内空气品质

采暖期的室内空气品质：由于内蒙古地区冬季漫长，冬季室内的空气品质问题应得到应有的重视。对部分公共建筑内的空气质量进行抽样调查发

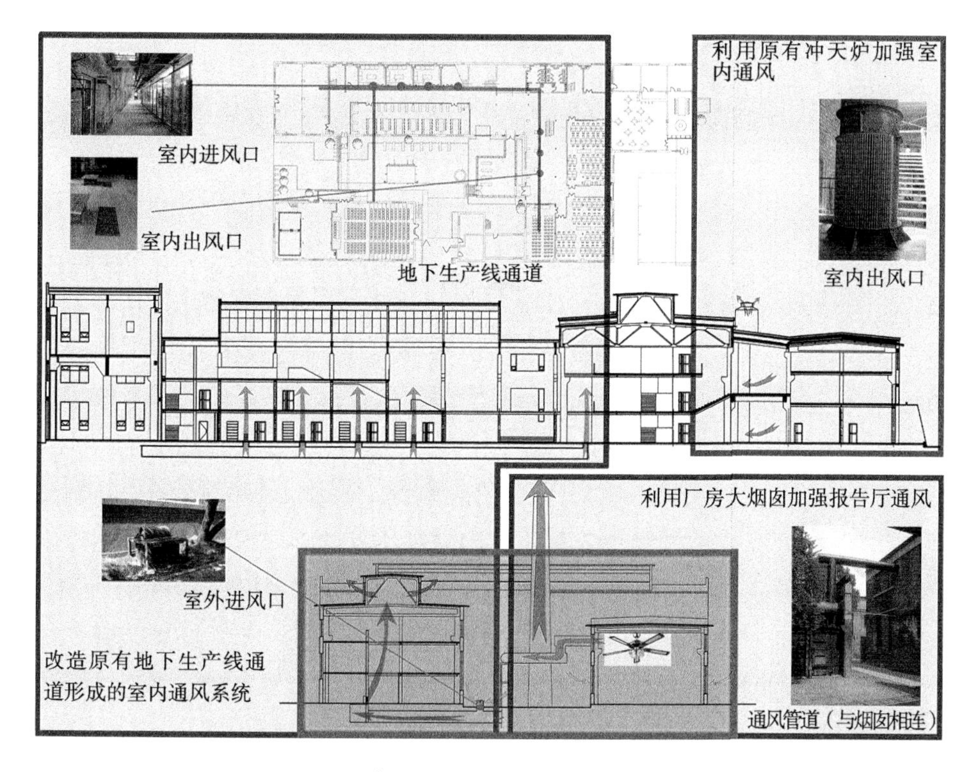

图6-31　内蒙古工业大学建筑馆的通风策略与报告厅的通风策略改善

图片来源：《适应·更新·生长》

现，大型超市二氧化碳浓度普遍超标，商场中甲醛浓度、氨浓度超标，这样的空气特别容易使人患上鼻炎、支气管炎及结膜炎，这种情况在公共建筑的室内装修中更是严重。对于这些问题，应积极采取一系列措施进行改善，在进行室内装修设计时，不宜选择塑料墙纸，可以选择一些玻璃纤维类；地板不宜使用过多的大理石、花岗岩等天然石材，可以选择一些实木地板或者环保的多层复合地板；在黏结剂的选择上，要注意挥发性或有毒气体的排放是否超标，并且要注意在装修期间尽量多开窗通风，积极运用被动式的方式加强新风的输入，对室内污染进行控制。

四、室内声环境改善措施

建筑室内声环境主要是指室内受噪声干扰的程度。建筑所受到的噪声污染主要有以下几类：

（1）城市交通噪声，这类噪声对于邻接交通干道的公共建筑来说，污染尤其严重。

（2）工业噪声，包括工厂噪声和施工噪声两类。工厂噪声是指工厂里各类机械设备运转时产生的噪声，施工噪声对于市区内建筑密度高的地区来说，施工周期长，影响较大。

（3）社会生活噪声，对于公共建筑来说，特别是商场类建筑，室内噪声比较大，应该采取积极的措施改善室内声环境，从而提高室内舒适度。

（4）隔声减振措施不到位，工作环境的噪声污染。以内蒙古工业大学建筑馆为例，在二楼共享空间与一楼资料室部分，就有严重的噪声干扰。

解决室内噪声的节能措施：在道路与临街建筑物之间设置声屏障或者加强城市绿化，利用植物的吸声和隔声功能；逐渐增大道路与建筑物之间的距离，或者用广场之类的空旷室外场所加大间距；加强外窗的气密性，或者安装高效的隔声门窗；积极发掘建筑设计的细节，更好地改善室内声环境。

本章从评价体系中的五个方面即节地与室外环境、节能与能源利用、节水与水资源利用、节材与材料资源利用、室内环境质量对内蒙古地区的建成公共建筑实例进行分析，从而得出适于内蒙古地区绿色公共建筑的设计策略及方法。

第六节　文化传承的设计策略

一、民族精神的传承

在造型艺术范畴，建筑属于典型的象征性艺术，它是实用与美观的结合，功利性与审美性的交融。实用与功利中不乏对美的追求，物质形态里蕴含着人或民族的精神需求，因此建筑是“物质”与“精神”彼此完美结合的一种艺术形式。建筑常常会以其外在的物质形态象征或揭示出某一民族精神、心灵方面的意蕴，从这一点看，建筑被称为艺术是比较恰当的。建筑能够成为一种艺术形式，正在于其形态本身蕴含着的精神性格，“形”与“神”的和谐往往会让我们惊异地领悟到建筑这种“物质文化”的精髓所在。

一个地区建筑特性的形成是社会文化、地域环境等多方面因素的共同作用，而其中特定的民族性格、民族思想内涵是决定建筑形式的重要因素之一。内蒙古地区所呈现的建筑表象，体现出各种少数民族的思想内涵，其中蒙古族的民族特性对内蒙古地区的建筑影响最大，所以产生了具有蒙古族文化特性的建筑。蒙古族建筑的主要表现形式，蕴含着这个古老民族所具有的强烈的民族凝聚精神。

民族精神体现在建筑设计手法上，可以采用现代建筑的结构、材料、布局方式等，结合地方民族传统建筑语言的重要特征，如形式、符号、色彩，通过现代手法，加以改造和变形，直接在建筑中塑造和表现鲜明的民族传统建筑特征。此外，也可以不再局限于对传统造型等具体的民族建筑语言的再现，而是运用现代建筑技术语言，通过对建筑空间和环境的处理、形体的塑造，结合地方建筑材料、特征等表达建筑的地域民族特征，挖掘传统民族建筑的精神内涵。

二、多民族文化融合的建筑形态

内蒙古地区建筑多样化特点的形成，诚如作者所言，一是因为地域建筑在其形成与发展的过程中曾融合多种民族文化因素；二是由于内蒙古生活区域地理气候环境的不同，人们因地制宜，自然形成多种建筑形制；三是建筑功能本身的不同又派生出多种样式的建筑，诸如王府、寺院、佛塔、硐房、宅院、帐篷等多种类型。

（一）内蒙古人大办公楼——蒙藏结合的形式

内蒙古人大办公楼是20世纪80年代在自治区首府呼和浩特市建成的。主体六层，共17个开间，局部为9层。这栋办公楼可以说是现代建筑中蒙藏形式相结合的较典型的例子（见图6-32）。

图6-32　内蒙古人大办公楼
图片来源：作者自摄

建筑形态的特征是，在具有藏式建筑的多层建筑上耸立着一个变形的蒙古包；白色的墙面开有不太大的窗户；黄色的女儿墙仅装饰在立面的中间区域。这些处理已经明确地体现出了藏式建筑墙面的特征；白色的圆形顶上饰以黄色的蒙古包卷石纹图案，也体现出了蒙古包的特征。从建筑整体上来看，富有蒙藏建筑的格调。

（二）呼和浩特赛马场——蒙古包群体形式

呼和浩特赛马场主体为4层，共19个开间，局部为5层或6层的建筑。在这座多层的现代建筑的屋顶上，耸立着一大四小的圆形蒙古包群，大的居中。大小蒙古包上，也均饰有卷石纹。白色的蒙古包群在天空的衬托下，颇能显露出蒙式建筑形态（见图6-33）。

图6-33　呼和浩特赛马场
图片来源：作者自摄

呼和浩特赛马场的墙面附柱和其折线形挑檐，从透视上来看，颇似新疆的尖拱墙面建筑风格。从建筑的整体形态来看，蒙古包顶与墙面是比较和谐统一的，也是一座较成功的作品。

（三）陵园建筑——蒙汉结合的再现

成吉思汗陵是一座具有蒙古民族传统建筑风格的宫殿。它坐落在内蒙古伊金霍洛旗伊金霍洛苏木北侧的甘德利敖包山上。陵园近似方形，占地约4万平方米。陵园的主体由一座仿古代城楼式的门庭和两个相互连通的蒙古包式大殿组成（见图6-34）。1986年，对陵园进行整体规划，增建碑亭、石灯、香炉以及长宽均为200m的围墙等。规划采用了汉族建筑中的中轴对称布局，以突出成吉思汗陵包和雕像的大殿，碑亭则采用蒙汉结合的建筑形式。

图6-34　成吉思汗陵
图片来源：《蒙古秘史》

除在陵园里设有蒙汉文碑亭外，又着重在陵园的围墙四角处设计了圆形八角形的以蒙汉形式相结合的角亭，它们不仅较好地衬托和加强了主体的大殿建筑，同时，与碑亭等一起形成了一个较完整的建筑群体，陵园在天空的衬托下浮现出座座蒙古包，用民族建筑形式烘托出陵园庄严肃穆的氛围。

内蒙古地区是蒙、汉、藏等多种建筑形式共存的地区，它的代表性的建筑以蒙式建筑形式、蒙汉结合或蒙藏结合的建筑形式为主。在这些建筑形式中，均含有蒙古族建筑的语言，蕴含着蒙古族的建筑文化和蒙古族的文化渊源。

三、装饰艺术的继承

内蒙古地区建筑的装饰不仅仅出于美化的目的，装饰所需的浮雕、图案及色彩既体现了宗教观念，又具有民族的审美价值。在内蒙古地区，很多地方能看到具有蒙古族建筑装饰及色彩特征的建筑。

（一）装饰图案

蒙古族在长期的历史发展中，不仅大力地继承和发扬本土的先民文化，而且还在元朝建立后成为汉、藏、回等民族文化的集大成者，从而在装饰图案及题材的发展中也形成了本民族的独特之处。

1. 几何形装饰图案

内蒙古地区毡帐建筑装饰艺术题材中，各种几何形式的装饰图案层出不穷。这些几何形体以圆形、方形或三角形等为基本形，进而通过把基本形作多角度、多方位的旋转、挪置、套叠、纽结等，派生出更为复杂多样的图形。不仅如此，环绕这些图形的线条抽离出来加以强调，从中产生出各种格式独特的编结纹。如果具体一点讲，蒙古族的几何纹样除了一些方、圆、三角等基本形制外，最为常见的是渔网纹、普斯贺纹、万字纹、回纹及盘肠纹等（见图6-35和图6-36）。它们或单独存在，或复合构成。在毡帐建筑外部的贴花或绣花图案中最为明显。

2. 动物题材装饰图案

图6-35　回纹图案

图片来源：《内蒙古地区蒙古族毡帐建筑装饰艺术》

蒙古族的游牧经济，注定了他们要与动物产生密切的关系。这体现在精神与物质两个方面。从精神方面看，蒙古民族形成以前，其先民就产生了很多对动物图腾的崇拜，例如，匈奴人以狼为图腾，东胡族则以鹿为图腾。后来，蒙古族传承了他们的这种精神崇拜，以“苍狼白鹿”作为本民族的象征，同时又由于所处地域不同，部落之间也存在着一定差异。从物质角度观察，蒙古族人的生产生活财富主要是牛、马、羊群，所以人们对牛、马、羊、骆驼等是极为熟悉的，对此，牧民们喜欢用图案的形式表现出来。蒙古族动物题材的图案主要有龙形纹、飞马、神鸟等图案

图6-36　云纹图案

图片来源：《内蒙古地区蒙古族毡帐建筑装饰艺术》

3. 植物题材装饰图案

植物题材的装饰图案多出现在兴安盟、哲盟、赤峰一带。由于当地以半农半牧的经济为主，因此各种花卉较多。以扎鲁特旗北部为例，满山遍野足有数百种花，如迎春花、兰花、牡丹、莲花、菊花、丁香

花、石竹花、凤仙花、海棠花、山丹花等，鲜艳夺目，成了天然的大花园，所以当地的各种花草理所当然地成为牧民们最好的装饰纹样。较为常见的有卷草纹、宝相花纹、莲花纹、桃形纹等（见图6-37）。

图6-37　卷草纹图案
图片来源：《内蒙古地区蒙古族毡帐建筑装饰艺术》

（二）色彩

色彩在建筑装饰中的运用伴随建筑的产生。但由于地域环境、民族风尚、宗教信仰等不同，各个民族在对自身建筑的色彩装饰中，都体现了本地区或本民族的喜好，不同建筑色彩装饰的运用，对不同地区民族有着不同的意义。

图6-38　蒙古包
图片来源：作者自摄

内蒙古地区的民族建筑色彩装饰可追溯到红山文化，在女神庙遗址中，就已经发现了色彩装饰的痕迹。这种色彩装饰以美化墙面的彩画形式出现，兼有线脚的功能，其做法是在压平后烧烤过的泥面上用赭红和白色描绘几何图案。蒙古族毡帐建筑的色彩装饰与整个内蒙古地区先民们的色彩偏好是一脉相承的，具有特定的象征意义，满足了民族的精神需求。

蒙古族建筑中的主要用色为白色、蓝色（即青色）、红色、黄色（见图6-38）。青、白、红三色作为蒙古族建筑中的基本色彩，与蒙古族人民长期的生活习俗及民族传统有着密切的关系。这些具有象征意义和民俗传统的颜色，也保留在现代建筑涂饰中。

由于地域性自然环境的差异，那些采用地域性环境控制技术的建筑表现出富于个性特色的空间形态，从而产生因地理位置变化而形态不同的建筑形态。单就中国各地区花样繁多的民居建筑就可以看到建筑空间形态的巨大差异。在地理纬度跨度较大的内蒙古地区，“生长着”多样的建筑，犹如不同气候带的植物一样，在不同的自然环境中，选取不同的建筑材料，采用不同的环境控制技术，“生长”出不同的姿态。

由于民族文化的差异，每一个民族的文化类型，都是适应于各自生态环境的不同式样的具体文化，要实现真正的现代化就必然具有特定的地域性含义。对于内蒙古多民族地区而言，要追求现代化建筑目标，不可能照搬已有的任何一种具体的先进的建筑模式，而只能是在充分认识自身所处的生态环境建筑文化特征后，通过借鉴和吸收，按照本地区民族已有的传统，来建构符合本民族需求又能有效适应本民族所处的生态环境的新文化，这才能体现新时代建筑所必然包含的地域性和民族性内涵。

第七章

内蒙古地区公共建筑绿色度评价

第一节　内蒙古地区绿色建筑的评价与等级划分

一、等级规定与划分依据

评价指标是评价体系的灵魂。针对内蒙古地区的绿色建筑设计，充分借鉴了国内外先进经验，结合内蒙古地区的特点以及不同阶段的绿色建筑评价标准，依据原绿色建筑评价标准中包括办公楼、商场、旅馆等九大类公共建筑及居住建筑在内的民用建筑的七大类指标体系进行分析研究，分别为节地与室外环境、节能与能源利用、节水与水资源利用、节材与材料资源利用、室内环境质量、施工管理、运营管理。这七大类评价指标能够全面科学地反映建筑的绿色性，并能有效指导地域绿色建筑设计。

二、绿色建筑的星级划分

研究的绿色建筑评价指标体系由节地与室外环境、节能与能源利用、节水与水资源利用、节材与材料资源利用、室内环境质量、施工管理、运行管理七类指标组成（见图7-1）。每类指标均包括控制项和评分项，将一般项改为评分项，使得指标体系更加量化，评价更加准确、合理、充分。为鼓励绿色建筑的技术创新和提高，评价指标体系还统一设置创新项。绿色建筑评价按总得分率确定评价等级，并规定了每类指标的最低得分率，避免参评的绿色建筑某一方面性能存在“短板”，但对更高等级绿色建筑，改用总得分率确定评价等级。总得分率为七类指标评分项的加权得分率与创新项的附加得分率之和。

由于参评建筑的功能，所在地域的气候、环境、资源等条件的差异，有些评分项可能不适用，这样，不适用的评分项可不参评。不同建筑参评的评分项很可能是不一样的，因此理论上获得的总分也很可能不一样。为克服这种客观存在的情况给绿色建筑评价带来的困难，

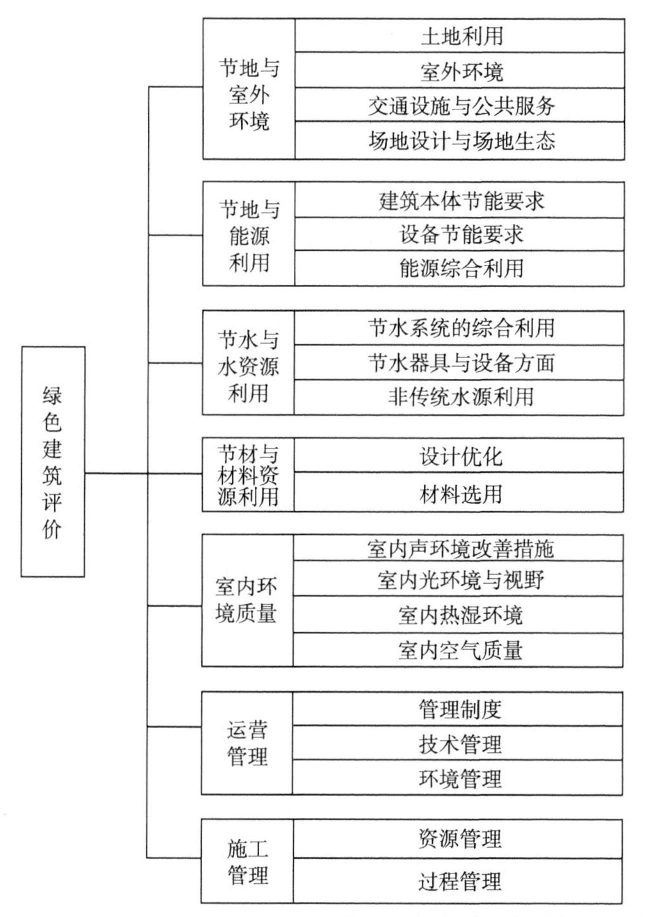

图7-1　绿色建筑评价指标体系

引入“得分率”作为绿色建筑评价的基础，按七类指标分别计算得分率。“得分率”大致反映了参评建筑实际采用的“绿色”措施占可以采用的全部“绿色”措施的比例。一栋参评建筑理论上可获得的总分值等于所有参评的评分项的分数之和，某类指标评分项理论上可获得的总分值总是小于或等于100分。

评价指标体系七类指标各自的评分项得分率Q_1、Q_2、Q_3、Q_4、Q_5、Q_6、Q_7按参评建筑的评分项实际得分值除以理论上可获得的总分值计算。理论上可获得的总分值等于所有参评的评分项的最大分值之和。评价指标体系七类指标评分项的加权得分率应按式

（7-1）计算，其中权重W_1～W_7按表7-1取值。

$$\Sigma Q = W_1Q_1 + W_2Q_2 + W_3Q_3 + W_4Q_4 + W_5Q_5 + W_6Q_6 + W_7Q_7 \quad (7\text{-}1)$$

表7-1中给出了设计评价、运行评价时公共建筑的分项指标权重。设计评价时，施工管理和运行管理的权重为0，意味着这两类指标不参与设计评价。绿色建筑评价等级分为一星级、二星级、三星级三个等级。三个等级的绿色建筑都应满足控制项的要求，且每类指标的评分项得分率不应小于50%。三个等级的最低总得分率分别为50%、65%、80%。

表7-1　绿色建筑分项指标权重

公共建筑	节地与室外环境W_1	节能与能源利用W_2	节水与水资源利用W_3	节材与材料资源利用W_4	室内环境质量W_5	施工管理W_6	运行管理W_7
设计阶段	0.15	0.35	0.10	0.20	0.20	0	0
运营阶段	0.10	0.25	0.15	0.15	0.15	0.10	0.10

资料来源：《绿色建筑评价标准》

内蒙古地区绿色公共建筑应满足标准中的所有控制项要求，并按评分项得出分值，将内蒙古地区绿色公共建筑进行评价，看是否达到绿色建筑的等级，也从另一个侧面验证内蒙古地区绿色公共建筑评价标准是否合理，是否适用于内蒙古地区。

第二节　内蒙古地区公共建筑绿色度评价

本节主要选举内蒙古地区一些典型的公共建筑实例进行分析比较，对内蒙古地区公共建筑的现状以及绿色度进行评分评价，从而可以看出公共建筑建设的绿色性的符合度，也从另一个侧面反映出内蒙古地区公共建筑绿色评价标准对公共建筑绿色性的指导意义是否符合地区的自然气候、人文地理因素，从而更好地吸取优秀的公共建筑设计策略与建设实践经验，更好地为公共建筑绿色评价标准提供实践依据与未来发展方向，使设计师以及各方面专家有了设计以及实践的依据，为绿色公共建筑的发展提供了理论与实践的综合评价体系。

一、项目简介

在此，选取内蒙古地区五个典型的公共建筑进行分析（见图7-2和图7-3），包括科教文卫一类的公共建筑，建筑面积在3000～20000m^{2}的中小型公共建筑。

（一）内蒙古工业大学建筑馆

建筑面积5920m^2，该建筑是利用旧工业厂房进行改造的，对旧有厂房的烟囱和地下通道进行合理的设计与利用，并运用了附加阳光间等节能措施，是内蒙古地区绿色公共建筑的典型实例。

（二）内蒙古工业大学新设计院

内蒙古工业大学新设计院是一座四层的办公楼建筑，建筑设计方面也积极运用节材与室内采光等，并且在室外环境方面也颇有建树，充分体现了内蒙古地区办公类建筑的先进设计。

（三）和林盛乐博物馆

和林盛乐博物馆建筑面积3000m^{2}左右，属于文化类建筑，该建筑的最大特点是属于覆土建筑，并且室内设计充分体现土建装修一体化的风格，冬夏室内环境较好，因此，也为该地区文化类建筑设计提供了一种可能性。

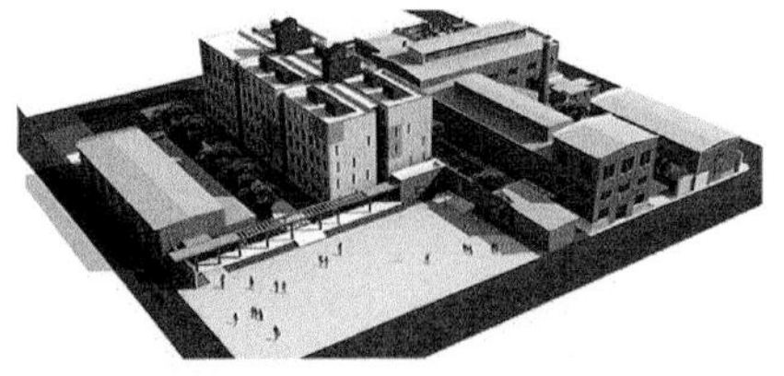

内蒙古工业大学建筑馆及扩建

节地与室外环境

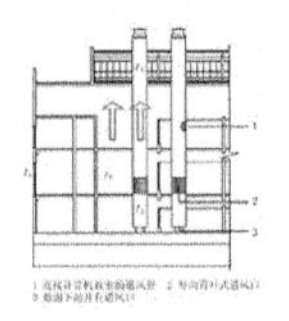

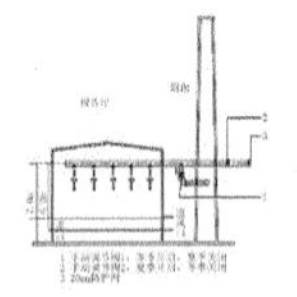

节能与能源利用

节水与水资源利用

节材与材料资源利用

室内环境质量

图7-2　内蒙古工业大学建筑馆以及建筑馆扩建馆

图片来源：作者自摄

内蒙古工业大学新设计院

内蒙古科技大学实训中心

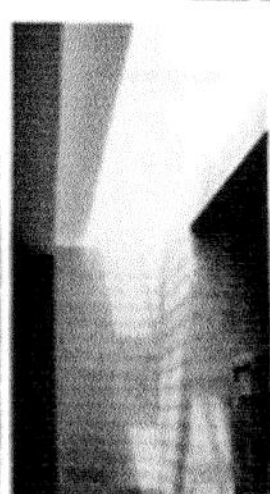

和林盛乐博物馆

万水泉政府大楼

图7-3　内蒙古地区公共建筑

图片来源：作者自摄

（四）内蒙古科技大学实训中心

内蒙古科技大学实训中心建筑面积在20000m²左右，是一个扩建的建筑并且原有厂房也进行了统一的立面形式改造，因此，也作为一个特殊实例进行分析。

（五）万水泉政府大楼

万水泉政府大楼建筑面积也在20000m²左右，选择它作为评价对象，是因为它代表了地区普通公共建筑的建设水平，通过分析比较，也为内蒙古地区普通公共建筑提供了设计依据。

前述三个公共建筑都是内蒙古地区地域性以及绿色建筑的较好尝试，后两个建筑为普通公共建筑，体现了内蒙古地区目前公共建筑的现状，通过对这两类建筑的比较，可以看出内蒙古地区普通公共建筑与采取绿色设计策略的公共建筑的一些差别，以及与绿色建筑之间的差距，也可以为普通的公共建筑提供优秀的、造价低、被动式的设计策略，使公共建筑更好地发展，更好地满足人们与环境的需要。

二、五个典型公共建筑的绿色度评价

内蒙古地区绿色公共建筑评价标准对公共建筑进行评价的详情如表7-2所示。

评价体系的提出综合了《绿色建筑评价标准》中对各项评价标准的量化分析，以及一些适于内蒙古地区绿色公共建筑发展的条款要求，以鼓励为主，努力为发展该区的绿色公共建筑做出可靠的依据。

表7-2　内蒙古地区绿色公共建筑的评价标准对五个典型公共建筑的评价

<table>
<tr><th colspan="4">内蒙古地区绿色公共建筑评价标准</th><th colspan="5">待评公共建筑</th></tr>
<tr><th>指标名称</th><th>评价方面</th><th colspan="2">绿色公共建筑条文</th><th>内蒙古工业大学建筑馆</th><th>内蒙古工业大学新设计院</th><th>和林盛乐博物馆</th><th>内蒙古科技大学实训中心</th><th>万水泉政府大楼</th></tr>
<tr><td rowspan="14">节地与室外环境</td><td rowspan="4">控制项</td><td colspan="2">1.1场地不破坏当地文物、自然水系、湿地、基本农田、森林以及其他保护区，不违法占用绿地。</td><td>√</td><td>√</td><td>√</td><td>√</td><td>√</td></tr>
<tr><td colspan="2">1.2建筑场地选址无洪涝灾害、泥石流及含氡土壤的威胁。建筑场地安全范围内无电磁辐射危害和火、爆、有毒物质等危险源。</td><td>√</td><td>√</td><td>√</td><td>√</td><td>√</td></tr>
<tr><td colspan="2">1.3场地内无排放超标的污染源。</td><td>√</td><td>√</td><td>√</td><td>√</td><td>√</td></tr>
<tr><td colspan="2">1.4施工过程中制定并实施保护环境的具体措施，控制由于施工引起各种污染以及对场地周边区域的影响。</td><td>√</td><td>√</td><td>√</td><td>√</td><td>√</td></tr>
<tr><td rowspan="9">土地利用</td><td rowspan="3">1.5绿化物种选择适于当地气候和土壤条件的乡土植物，且采用包含乔、灌木的复层绿化，公共建筑绿地率指标为30%。评价分值：9分。</td><td>1.高于当地控制性详细规划要求的10%～20%，得3分；</td><td rowspan="3">3</td><td rowspan="3">3</td><td rowspan="3">9</td><td rowspan="3">0</td><td rowspan="3">3</td></tr>
<tr><td>2.高于当地控制性详细规划要求的20%以上，得6分；</td></tr>
<tr><td>3.公共建筑的绿地向社会公众开放，得3分。</td></tr>
<tr><td rowspan="2">1.6合理开发利用地下空间，结合公共建筑类型可不参评。评价分值：6分。</td><td>1.地下建筑面积与总用地面积之比小于0.5，得3分；</td><td rowspan="2">不参评</td><td rowspan="2">3</td><td rowspan="2">6</td><td rowspan="2">不参评</td><td rowspan="2">3</td></tr>
<tr><td>2.地下建筑面积与总用地面积之比不小于0.5，得6分。</td></tr>
<tr><td colspan="2">1.7充分利用尚可使用的旧建筑，并纳入规划项目。评价分值：3分。</td><td>3</td><td>0</td><td>3</td><td>3</td><td>0</td></tr>
<tr><td rowspan="3">1.8（新）项目用地规划节约集约利用土地。评价分值：19分。</td><td>公共建筑的容积率：
1.不小于0.8但小于1.5，得10分；</td><td rowspan="3">10</td><td rowspan="3">10</td><td rowspan="3">0</td><td rowspan="3">15</td><td rowspan="3">10</td></tr>
<tr><td>2.不小于1.5但小于3.5，得15分；</td></tr>
<tr><td>3.不小于3.5，得19分。</td></tr>
<tr><td>室外环境</td><td colspan="2">1.9不给周边建筑物带来光污染，不影响周围居住建筑的日照要求，室外照明和幕墙设计避免光污染。评价分值：3分。</td><td>3</td><td>3</td><td>3</td><td>3</td><td>3</td></tr>
</table>

续表

<table>
<tr><th colspan="4">内蒙古地区绿色公共建筑评价标准</th><th colspan="5">待评公共建筑</th></tr>
<tr><th>指标名称</th><th>评价方面</th><th colspan="2">绿色公共建筑条文</th><th>内蒙古工业大学建筑馆</th><th>内蒙古工业大学新设计院</th><th>和林盛乐博物馆</th><th>内蒙古科技大学实训中心</th><th>万水泉政府大楼</th></tr>
<tr><td rowspan="10">节地与室外环境</td><td rowspan="3">室外环境</td><td colspan="2">1.10场地环境噪声符合现行国家标准《城市区域环境噪声标准》（GB 3096）的规定。评价分值：6分。</td><td>6</td><td>6</td><td>6</td><td>6</td><td>6</td></tr>
<tr><td rowspan="2">1.11场地内风环境有利于冬季室外行走舒适及过渡季、夏季的自然通风。评价分值：6分。</td><td>1.冬季建筑物周围人行风速低于5m/s，或建筑室外风速放大系数小于2，得3分；</td><td rowspan="2">3</td><td rowspan="2">3</td><td rowspan="2">0</td><td rowspan="2">0</td><td rowspan="2">0</td></tr>
<tr><td>2.过渡季、夏季建筑物室外风压均匀，典型风速和风向条件下的建筑前后（或主要开窗）表面压差大于0.5Pa，得3分。</td></tr>
<tr><td rowspan="7">交通设施与公共服务</td><td rowspan="3">1.12场地与公共交通设施具有便捷的联系，场地交通组织合理。评价分值：9分。</td><td>1.场地出入口到达公共汽车站的步行距离不超过500m，得3分；</td><td rowspan="3">9</td><td rowspan="3">6</td><td rowspan="3">0</td><td rowspan="3">9</td><td rowspan="3">6</td></tr>
<tr><td>2.场地500m范围内设有2条或2条以上线路的公共交通站点，得3分；</td></tr>
<tr><td>3.有便捷的人行通道联系公共交通站点，得3分。</td></tr>
<tr><td colspan="2">1.13（新）场地内人行通道均采用无障碍设计，且与建筑场地外人行通道无障碍连通。评价分值：3分。</td><td>0</td><td>3</td><td>3</td><td>3</td><td>3</td></tr>
<tr><td rowspan="2">1.14（新）合理设置停车场所。评价分值：6分。</td><td>1.自行车停车设施位置合理、出入方便，且有遮阳防雨措施，得3分；</td><td rowspan="2">3</td><td rowspan="2">3</td><td rowspan="2">3</td><td rowspan="2">3</td><td rowspan="2">3</td></tr>
<tr><td>2.合理设置机动车停车设施，并采取下列措施中的2项，得3分：
1）采用机械式停车库、地下停车库等方式节约集约用地；
2）采用错时停车方式向社会开放，提高停车场使用效率；
3）停车设施不挤占行人活动空间。</td></tr>
<tr><td>1.15（新）提供便利的公共服务。评价分值：6分。</td><td>公共建筑满足下列要求中的2项，得3分；满足3项及以上，得6分：
1.2种及以上的公共建筑集中设置，或公共建筑兼容2种及以上的公共服务功能；
2.联合建设时配套辅助设施设备共同使用、资源共享；
3.向社会公众提供开放的公共空间；
4.室外活动场地在非办公时间向周边居民免费开放。</td><td>6</td><td>3</td><td>3</td><td>3</td><td>3</td></tr>
</table>

续表

<table>
<tr><th colspan="4">内蒙古地区绿色公共建筑评价标准</th><th colspan="5">待评公共建筑</th></tr>
<tr><th>指标名称</th><th>评价方面</th><th colspan="2">绿色公共建筑条文</th><th>内蒙古工业大学建筑馆</th><th>内蒙古工业大学新设计院</th><th>和林盛乐博物馆</th><th>内蒙古科技大学实训中心</th><th>万水泉政府大楼</th></tr>
<tr><td rowspan="8">节地与室外环境</td><td rowspan="8">场地设计与场地生态</td><td rowspan="2">1.16合理选择绿化方式，合理配置绿化植物。评价分值：6分。</td><td>1.种植多种适应当地气候和土壤条件的乡土植物，并采用乔、灌、草结合的复层绿化，且种植区域有足够的覆土深度和排水能力，得3分；</td><td rowspan="2">3</td><td rowspan="2">3</td><td rowspan="2">6</td><td rowspan="2">0</td><td rowspan="2">3</td></tr>
<tr><td>2.公共建筑合理采用垂直绿化、屋顶绿化等立体绿化方式，得3分。</td></tr>
<tr><td colspan="2">1.17充分结合现有地形地貌进行场地设计与建筑布局，保护场地内原有的自然水域、湿地，采取生态恢复措施，充分利用表层土。评价分值：3分。</td><td>3</td><td>0</td><td>3</td><td>0</td><td>0</td></tr>
<tr><td rowspan="3">1.18充分利用场地空间，合理设置绿色雨水基础设施。评价分值：9分。</td><td>超过$10hm^2$的场地进行雨水专项规划。
1.充分利用绿地景观、水体或低洼地调蓄雨水，下凹式绿地、雨水花园或有调蓄雨水功能的水体面积占绿地面积的比例不小于30%，得3分；</td><td rowspan="3">不参评</td><td rowspan="3">不参评</td><td rowspan="3">不参评</td><td rowspan="3">不参评</td><td rowspan="3">不参评</td></tr>
<tr><td>2.合理衔接和引导屋面雨水、道路雨水进入地面生态设施，并设置相应的径流污染控制措施，得3分；</td></tr>
<tr><td>3.充分利用室外地面渗透雨水，硬质铺装地面中透水铺装面积的比例不小于50%，得3分。</td></tr>
<tr><td rowspan="2">1.19（新）合理规划地表与屋面雨水径流，对场地雨水实施径流总量控制。评价分值：6分。</td><td>场地年径流总量控制率满足：
1.不低于60%但低于85%，得3分；</td><td rowspan="2">3</td><td rowspan="2">3</td><td rowspan="2">6</td><td rowspan="2">3</td><td rowspan="2">3</td></tr>
<tr><td>2.不低于85%，得6分。
注：呼和浩特市年均降雨量：396mm
60%年径流总量控制率的设计控制雨量：8.7mm
80%年径流总量控制率的设计控制雨量：21.2mm</td></tr>
<tr><td rowspan="3">节能与能源利用</td><td rowspan="3">控制项</td><td colspan="2">2.1不采用电热锅炉、电热水器作为直接采暖和空气调节系统的热源。</td><td>√</td><td>√</td><td>√</td><td>√</td><td>√</td></tr>
<tr><td colspan="2">2.2各房间或场所的照明功率密度值不高于国家标准《建筑照明设计标准》（GB 50034）规定的现行值。</td><td>√</td><td>√</td><td>√</td><td>√</td><td>√</td></tr>
<tr><td colspan="2">2.3新建的公共建筑，冷热源、输配系统和照明等各部分能耗进行独立分项计量。</td><td>√</td><td>√</td><td>√</td><td>√</td><td>√</td></tr>
</table>

续表

内蒙古地区绿色公共建筑评价标准

指标名称	评价方面	绿色公共建筑条文		待评公共建筑				
				内蒙古工业大学建筑馆	内蒙古工业大学新设计院	和林盛乐博物馆	内蒙古科技大学实训中心	万水泉政府大楼
节能与能源利用	控制项	2.4建筑外窗的气密性不低于现行国家标准《建筑外窗气密性能分级及检测方法》（GB 7107）规定的4级要求。		√	√	√	√	√
		2.5改建和扩建的公共建筑，冷热源、输配系统和照明等各部分能耗进行独立分项计量。		√	√	√	√	√
	建筑本体节能要求	2.6集中采暖或集中空调的建筑，围护结构热工性能指标优于国家批准或备案的公共建筑节能标准的规定。评价分值：10分。	采暖空调负荷降低幅度： 1.不小于5%但小于10%，得3分；	未涉及，不作评	未涉及，不作评	未涉及，不作评	未涉及，不作评	未涉及，不作评
			2.不小于10%但小于15%，得7分；					
			3.不小于15%得10分。					
		2.7建筑外窗可开启面积不小于外窗总面积的30%，玻璃幕墙可开启，使建筑获得良好的通风。评价分值：4分。	建筑外窗可开启部分面积比例：1.不低于10%但低于20%，得2分；	2	4	2	4	4
			2.不低于20%但低于30%，得4分。					
		2.8结合场地自然条件，对建筑的体形、朝向、楼间距等进行优化设计，使建筑获得良好的通风、日照和采光。评价分值：6分。		6	6	3	3	6
	设备节能要求	2.9空调采暖系统的热源机组或冷源机组能效高于现行国家标准及相关标准的规定。评价分值：6分。	1.锅炉额定热效率比规定值提高至少5%，得3分；	未涉及，不作评	未涉及，不作评	未涉及，不作评	未涉及，不作评	未涉及，不作评
			2.冷源机组的能效等级比国家或行业相关标准规定值提高一个等级及以上，或能效比比规定值提高至少10%，得3分。					
		2.10全空气空调系统采取实现全新风运行或可调新风比的措施。评价分值：6分。		未涉及	未涉及	未涉及	未涉及	未涉及
		2.11建筑物处于部分冷热负荷时和仅部分空间使用时，采取有效措施节约通风空调系统能耗。评价分值：9分。	1.区分房间的朝向，细分空调区域，对空调系统进行分区控制，得3分；	未涉及，不作评	未涉及，不作评	未涉及，不作评	未涉及，不作评	未涉及，不作评
			2.根据负荷变化调节制冷（热）量，空调冷源机组的部分负荷性能系数（IPLV）符合现行国家标准的规定，得3分；					
			3.水系统变流量运行，或全空气系统采用变风量控制，得3分。					

续表

内蒙古地区绿色公共建筑评价标准			待评公共建筑				
指标名称	评价方面	绿色公共建筑条文	内蒙古工业大学建筑馆	内蒙古工业大学新设计院	和林盛乐博物馆	内蒙古科技大学实训中心	万水泉政府大楼
节能与能源利用	设备节能要求	2.12选用效率高的节能设备与系统。集中采暖系统热水循环水泵的耗电输热比，集中空调系统风机单位风量耗功率和冷热水输送能效比符合现行国家标准《公共建筑节能设计标准》的规定。评价分值：6分。	未涉及，不作评	未涉及，不作评	未涉及，不作评	未涉及，不作评	未涉及，不作评
		2.13各房间或场所的照明功率密度值不高于现行国家标准《建筑照明设计标准》（GB50034）规定的目标值。评价分值：10分。	未涉及	未涉及	未涉及	未涉及	未涉及
		2.14峰谷电价差高于2.5倍的地区，合理采用蓄冷蓄热系统。评价分值：3分。	未涉及	未涉及	未涉及	未涉及	未涉及
		2.15（新）合理选择和优化采暖、通风与空调系统。评价分值：10分。 暖通空调系统能耗降低幅度： 1.不小于5%但小于10%，得3分； 2.不小于10%但小于15%，得7分； 3.不小于15%，得10分。	未涉及	未涉及	未涉及	未涉及	未涉及
		2.16（新）照明系统采取分区、定时、照度调节等节能控制措施。评价分值：3分。	0	0	3	0	3
		2.17（新）变压器选用节能产品，并对供配电系统进行动态无功补偿和谐波治理。评价分值：3分。	未涉及	未涉及	未涉及	未涉及	未涉及
	能量综合利用	2.18利用排风对新风进行预热（或预冷）处理，降低新风负荷，排风能量回收系统设计合理并运行可靠。评价分值：3分。	未涉及	未涉及	未涉及	未涉及	未涉及
		2.19选用余热或废热利用等方式提供建筑所需蒸汽或生活热水。评价分值：3分。	未涉及	未涉及	未涉及	未涉及	未涉及
		2.20合理采用分布式热电冷联供技术，系统全年能源综合利用率不低于80%。评价分值：5分。	未涉及	未涉及	未涉及	未涉及	未涉及
		2.21根据当地气候和自然资源条件，充分利用太阳能、地热能等可再生能源。评价分值：10分。 可再生能源替代率： 1.不低于0.5%但低于2%，得5分； 2.不低于2%，得10分。	0	0	0	0	0
		2.22（新）合理选用节能型电梯和步梯，并采取电梯群控、步梯自动启停等节能控制措施。评价分值：3分。	未涉及	未涉及	未涉及	未涉及	未涉及

续表

内蒙古地区绿色公共建筑评价标准				待评公共建筑				
指标名称	评价方面	绿色公共建筑条文		内蒙古工业大学建筑馆	内蒙古工业大学新设计院	和林盛乐博物馆	内蒙古科技大学实训中心	万水泉政府大楼
节水与水资源利用	控制项	3.1在方案、规划阶段制订水系统规划方案，统筹、综合利用各种水资源。		√	√	√	√	√
		3.2 设置合理、完善的供水、排水系统。		√	√	√	√	√
		3.3使用非传统水源时，采取用水安全保障措施，且不对人体健康与周围环境产生不良影响。		未涉及	未涉及	未涉及	未涉及	未涉及
	节水系统的综合利用	3.4采取有效措施避免管网漏损。评价分值：7分。	1.选用密闭性能好的阀门、设备，使用耐腐蚀、耐久性能好的管材、管件，得2分；	2	2	2	2	2
			2.根据水平衡测试的要求安装分级计量水表，并根据用水量计量情况分析管道漏损情况和采取整改措施，得5分。					
		3.5按用途和付费（或管理）单元设置用水计量装置。评价分值：10分。	1.按照使用用途，对厨卫、绿化景观、空调系统、泳池、景观等用水分别设置用水计量装置、统计用水量，得2分；	未涉及，不作评	未涉及，不作评	未涉及，不作评	未涉及，不作评	未涉及，不作评
			2.按照付费（或管理）单元情况对不同用户的用水分别设置用水计量装置、统计用水量，得4分；					
			3.公共浴室等设置用者付费的设施，其淋浴器采用刷卡用水，得4分。					
		3.6（新）公共建筑平均日用水量符合国家标准《民用建筑节水设计标准》（GB 50555）的规定。评价分值：10分。		10	10	10	10	10
	节水器具与设备方面	3.7绿化灌溉采用喷灌、微灌等高效节水灌溉方式。评价分值：10分。	1.采用高效节水灌溉系统，得7分；	0	0	0	0	0
			2.设有土壤感应器、雨天关闭装置等节水控制措施，得3分。					
		3.8使用较高用水效率等级的卫生器具。评价分值：10分。	用水效率等级最低的卫生器具满足下列要求： 1.用水效率等级达到三级，得4分；	4	4	4	4	4
			2.用水效率等级达到二级，得7分；					
			3.用水效率等级达到一级，得10分。					
		3.9（新）采用循环冷却水节水技术。评价分值：10分。（本条适用于集中空调）	1.开式循环冷却水系统设置水处理措施和（或）加药措施，得2分；	未涉及，不作评	未涉及，不作评	未涉及，不作评	未涉及，不作评	未涉及，不作评
			2.开式循环冷却水系统采取加大积水盘、设置平衡管或平衡水箱的方式，避免冷却水泵停泵时冷却水溢出，得2分；					
			3.采用地源热泵、闭式冷却塔等节水冷却技术，或开式冷却塔的蒸发损失水量占冷却水补水量的比例不低于80%，得6分。					

续表

<table>
<tr><th colspan="4">内蒙古地区绿色公共建筑评价标准</th><th colspan="5">待评公共建筑</th></tr>
<tr><th>指标名称</th><th>评价方面</th><th colspan="2">绿色公共建筑条文</th><th>内蒙古工业大学建筑馆</th><th>内蒙古工业大学新设计院</th><th>和林盛乐博物馆</th><th>内蒙古科技大学实训中心</th><th>万水泉政府大楼</th></tr>
<tr><td rowspan="9">节水与水资源利用</td><td></td><td colspan="2">3.10（新）其他用水设备采用了节水技术或措施。评价分值：5分。</td><td>未涉及</td><td>未涉及</td><td>未涉及</td><td>未涉及</td><td>未涉及</td></tr>
<tr><td rowspan="8">非传统水源利用</td><td rowspan="3">3.11旅馆、办公、商场类建筑非传统水源利用率。评价分值：15分。</td><td>1.旅馆室外绿化灌溉用水全部采用非传统水源达到1.0%，得10分；
旅馆室外绿化灌溉、道路浇洒、洗车用水全部采用非传统水源达到2.0%，得15分。</td><td rowspan="3">未涉及，不作评</td><td rowspan="3">未涉及，不作评</td><td rowspan="3">未涉及，不作评</td><td rowspan="3">未涉及，不作评</td><td rowspan="3">未涉及，不作评</td></tr>
<tr><td>2.办公室外绿化灌溉用水全部采用非传统水源达到8.0%，得10分；
办公室外绿化灌溉、道路浇洒、洗车用水全部采用非传统水源达到10.0%，得15分。</td></tr>
<tr><td>3.商业室外绿化灌溉用水全部采用非传统水源达到2.5%，得10分；
商业室外绿化灌溉、道路浇洒、洗车用水全部采用非传统水源达到3.0%，得15分。</td></tr>
<tr><td rowspan="3">3.12绿化、景观、洗车等用水采用非传统水源。评价分值：15分。</td><td>1.绿化灌溉、道路浇洒、洗车用水采用非传统水源的用水量比例不小于50%但小于80%，得5分；</td><td rowspan="3">未涉及，不作评</td><td rowspan="3">未涉及，不作评</td><td rowspan="3">未涉及，不作评</td><td rowspan="3">未涉及，不作评</td><td rowspan="3">未涉及，不作评</td></tr>
<tr><td>2.绿化灌溉、道路浇洒、洗车用水采用非传统水源的用水量比例不小于80%，得10分；</td></tr>
<tr><td>3.生活杂用水采用非传统水源的用水量比例不小于50%，得15分。</td></tr>
<tr><td rowspan="2">3.13通过技术经济比较，合理确定雨水积蓄、处理及利用方案，结合雨水利用设施进行景观水体设计，景观水体利用雨水的补水量大于其水体蒸发量的70%。评价分值：8分。</td><td>1.对进入景观水体的雨水采取控制面源污染的措施，得4分；</td><td rowspan="2">4</td><td rowspan="2">4</td><td rowspan="2">0</td><td rowspan="2">0</td><td rowspan="2">0</td></tr>
<tr><td>2.利用水生动植物进行水体净化，得4分。</td></tr>
</table>

续表

<table>
<tr><th colspan="4">内蒙古地区绿色公共建筑评价标准</th><th colspan="5">待评公共建筑</th></tr>
<tr><th>指标名称</th><th>评价方面</th><th colspan="2">绿色公共建筑条文</th><th>内蒙古工业大学建筑馆</th><th>内蒙古工业大学新设计院</th><th>和林盛乐博物馆</th><th>内蒙古科技大学实训中心</th><th>万水泉政府大楼</th></tr>
<tr><td rowspan="13">节材与材料资源利用</td><td rowspan="2">控制项</td><td colspan="2">4.1建筑材料中有害物质含量符合现行国家标准的要求。</td><td>√</td><td>√</td><td>√</td><td>√</td><td>√</td></tr>
<tr><td colspan="2">4.2建筑造型要素简约，无大量装饰性构件。</td><td>√</td><td>√</td><td>√</td><td>√</td><td>√</td></tr>
<tr><td rowspan="11">设计优化</td><td colspan="2">4.3现浇混凝土采用预拌混凝土，减少楼地面现浇面层和墙面抹灰的厚度，合理使用清水混凝土。评价分值：5分。</td><td>5</td><td>5</td><td>5</td><td>5</td><td>5</td></tr>
<tr><td colspan="2">4.4将建筑施工、旧建筑拆除和场地清理时产生的固体废弃物分类处理，并将其中可再利用材料、可再循环材料回收和再利用。评价分值：5分。</td><td>5</td><td>0</td><td>0</td><td>0</td><td>0</td></tr>
<tr><td colspan="2">4.5土建与装修工程一体化设计施工，不破坏和拆除已有的建筑构件及设施，避免重复装修。评价分值：5分。</td><td>5</td><td>5</td><td>5</td><td>5</td><td>0</td></tr>
<tr><td colspan="2">4.6采用资源消耗和环境影响小的建筑结构体系，对结构体系进行优化设计，达到节材效果。评价分值：10分。</td><td>10</td><td>10</td><td>10</td><td>10</td><td>10</td></tr>
<tr><td rowspan="2">4.7（新）合理利用场址范围内的已有建筑物、构筑物。评价分值：5分。</td><td>1.利用率不低于30%，或利用面积不小于300m²，得3分；</td><td rowspan="2">5</td><td rowspan="2">0</td><td rowspan="2">5</td><td rowspan="2">0</td><td rowspan="2">0</td></tr>
<tr><td>2.利用率不低于50%，且利用面积不小于500m²，得5分。</td></tr>
<tr><td rowspan="2">4.8选用工厂化预制生产的建筑构、配件，并控制运输距离。评价分值：5分。</td><td>预制装配率：
1.不小于15%但小于25%，得3分；</td><td rowspan="2">0</td><td rowspan="2">0</td><td rowspan="2">0</td><td rowspan="2">0</td><td rowspan="2">0</td></tr>
<tr><td>2.不小于25%，得5分。</td></tr>
<tr><td colspan="2">4.9（新）选用遵循模数协调原则的建筑构配件和材料，减少施工废料。评价分值：10分。</td><td>10</td><td>10</td><td>10</td><td>10</td><td>10</td></tr>
<tr><td rowspan="3">4.10办公、商场类建筑室内采用灵活隔断，减少重新装修时的材料浪费和垃圾产生。评价分值：10分。</td><td>可拆卸重复使用的隔断：
1.比例不小于30%但小于50%，得6分；</td><td rowspan="3">不参评</td><td rowspan="3">6</td><td rowspan="3">不参评</td><td rowspan="3">不参评</td><td rowspan="3">0</td></tr>
<tr><td>2.比例不小于50%但小于80%，得8分；</td></tr>
<tr><td>3.比例不小于80%，得10分。</td></tr>
</table>

续表

内蒙古地区绿色公共建筑评价标准				待评公共建筑				
指标名称	评价方面	绿色公共建筑条文		内蒙古工业大学建筑馆	内蒙古工业大学新设计院	和林盛乐博物馆	内蒙古科技大学实训中心	万水泉政府大楼
节材与材料资源利用	材料选用	4.11建筑结构材料合理采用高性能混凝土、高强度钢。评价分值：10分。		0	0	0	0	0
		4.12在保证安全和不污染环境的情况下，尽可能多地使用可再利用建筑材料、可再循环建筑材料。评价分值：15分。	其质量之和占建筑材料总质量的比例： 1.不小于10%但小于15%，得9分； 2.不小于15%但小于20%，得12分； 3.不小于20%，得15分。	15	9	9	9	9
		4.13在保证性能的前提下，使用以废弃物为原料生产的建筑材料。评价分值：10分。	其用量占同类建筑材料的比例： 1.不小于30%但小于50%，得6分； 2.不小于50%但小于70%，得8分； 3.大于70%，得10分。	6	0	6	0	0
		4.14（新）建筑外立面、室内地面、墙面、顶棚等部位的装饰装修材料使用耐久性好和易维护的建筑材料。评价分值：10分。		10	10	10	10	10
室内环境质量	控制项	5.1采用中央空调的建筑，房间内的温度、湿度、风速等参数符合现行国家标准《公共建筑节能设计标准》（GB 50189）中的设计计算要求。		不参评	不参评	不参评	不参评	不参评
		5.2在室内温、湿度设计条件下，建筑围护结构内表面有防结露设计措施。		不参评	不参评	不参评	不参评	不参评
		5.3室内新风量符合现行国家标准《民用建筑供暖通风与空气调节设计规范》（GB 50736）的规定。		√	√	√	√	√
		5.4室内游离甲醛、苯、氨、氡和TVOC等空气污染物浓度符合现行国家标准《民用建筑工程室内环境污染控制规范》（GB 50325）的规定。		√	√	√	√	√
		5.5建筑室内照度、统一眩光值、一般显色指数等指标满足现行国家标准《建筑照明设计标准》（GB 50034）中的有关要求。		√	√	√	√	√

续表

<table>
<tr><th colspan="4">内蒙古地区绿色公共建筑评价标准</th><th colspan="5">待评公共建筑</th></tr>
<tr><th>指标名称</th><th>评价方面</th><th colspan="2">绿色公共建筑条文</th><th>内蒙古工业大学建筑馆</th><th>内蒙古工业大学新设计院</th><th>和林盛乐博物馆</th><th>内蒙古科技大学实训中心</th><th>万水泉政府大楼</th></tr>
<tr><td rowspan="12">室内环境质量</td><td rowspan="2">室内声环境改善措施</td><td colspan="2">5.6公共建筑室内背景噪声符合现行国家标准《民用建筑隔声设计规范》（GB50118）中的高要求标准。评价分值：10分。</td><td>0</td><td>10</td><td>10</td><td>10</td><td>10</td></tr>
<tr><td colspan="2">5.7主要功能房间的隔墙、楼板和门窗的隔声性能满足现行国家标准《民用建筑隔声设计规范》（GB 50118）中的高要求标准。评价分值：10分。</td><td>0</td><td>10</td><td>10</td><td>10</td><td>10</td></tr>
<tr><td rowspan="5">室内光环境与视野</td><td colspan="2">5.8建筑主要功能房间具有良好的视野，避免视线干扰，在规定的使用区域，主要功能房间70%以上的区域都能通过外窗看到室外自然景观，且无视线干扰。评价分值：5分。</td><td>5</td><td>5</td><td>0</td><td>5</td><td>5</td></tr>
<tr><td colspan="2">5.9公共建筑主要功能房间75%以上的面积，采光系数满足现行国家标准《建筑采光设计标准》（GB 50033）的要求。评价分值：8分。</td><td>8</td><td>8</td><td>0</td><td>8</td><td>8</td></tr>
<tr><td rowspan="2">5.10采用合理措施改善室内大进深区域或地下空间的自然采光效果。评价分值：12分。</td><td>1.主要大进深空间采光系数≥2%的面积比例大于75%，且有合理的控制眩光和改善自然采光均匀性的措施，得8分；</td><td rowspan="2">8</td><td rowspan="2">8</td><td rowspan="2">0</td><td rowspan="2">不参评</td><td rowspan="2">不参评</td></tr>
<tr><td>2.地下空间采光系数≥0.5%的面积大于首层地下室面积的20%，得4分。</td></tr>
<tr><td colspan="2">5.11 建筑入口和主要活动空间设有无障碍设施。评价分值：5分。</td><td>5</td><td>5</td><td>5</td><td>5</td><td>5</td></tr>
<tr><td rowspan="5">室内热湿环境</td><td rowspan="3">5.12采取可调节遮阳措施，防止夏季太阳辐射透过窗户玻璃直接进入室内，改善室内热环境。评价分值：12分。</td><td>可调节面积：
1.不小于60%但小于70%，得6分；</td><td rowspan="3">0</td><td rowspan="3">6</td><td rowspan="3">0</td><td rowspan="3">0</td><td rowspan="3">0</td></tr>
<tr><td>2.不小于70%但小于80%，得8分；</td></tr>
<tr><td>3.不小于80%，得12分。</td></tr>
<tr><td rowspan="2">5.13合理采用调节方便并可有效提高人员舒适性的采暖空调系统。评价分值：8分。</td><td>1.超过75%的主要功能房间的采暖、空调末端装置可独立启停和调节室温；不能独立进行空调温度调控的区域，用户可以通过开窗、遮阳、窗帘或独立的采暖、空调设施改善热环境，得4分；</td><td rowspan="2">4</td><td rowspan="2">4</td><td rowspan="2">4</td><td rowspan="2">4</td><td rowspan="2">4</td></tr>
<tr><td>2.采用个性化采暖、空调末端装置，得4分。</td></tr>
</table>

续表

<table>
<tr><th colspan="4">内蒙古地区绿色公共建筑评价标准</th><th colspan="5">待评公共建筑</th></tr>
<tr><th>指标名称</th><th>评价方面</th><th colspan="2">绿色公共建筑条文</th><th>内蒙古工业大学建筑馆</th><th>内蒙古工业大学新设计院</th><th>和林盛乐博物馆</th><th>内蒙古科技大学实训中心</th><th>万水泉政府大楼</th></tr>
<tr><td rowspan="5">室内环境质量</td><td rowspan="5">室内空气质量</td><td colspan="2">5.14采取建筑空间平面和构造设计优化措施，改善原通风不良区域的自然通风效果，使得建筑在过渡季典型工况下，90%的房间的平均自然通风换气次数不小于2次/h。评价分值：10分。</td><td>10</td><td>10</td><td>0</td><td>10</td><td>10</td></tr>
<tr><td rowspan="2">5.15人员变化大的区域设置室内空气质量监控系统，保证健康舒适的室内环境。评价分值：10分。</td><td>1.对室内主要功能房间的二氧化碳、空气污染物的浓度进行数据采集和分析，得7分；</td><td rowspan="2">不参评</td><td rowspan="2">不参评</td><td rowspan="2">不参评</td><td rowspan="2">不参评</td><td rowspan="2">不参评</td></tr>
<tr><td>2.实现室内污染物浓度超标实时报警，并与新风系统联动，得3分。</td></tr>
<tr><td colspan="2">5.16（新）室内气流组织合理，避免卫生间、餐厅、地下车库等区域的空气和污染物串通到室内其他空间或室外主要活动场所；重要功能区域通风或空调采暖工况下的气流组织满足要求。评价分值：5分。</td><td>5</td><td>5</td><td>5</td><td>5</td><td>5</td></tr>
<tr><td colspan="2">5.17（新）地下空间设置与排风设备联动的一氧化碳浓度监测装置，保证地下空间污染物浓度符合有关标准的规定。评价分值：5分。</td><td>不参评</td><td>不参评</td><td>不参评</td><td>不参评</td><td>不参评</td></tr>
<tr><td rowspan="7">运营管理</td><td rowspan="3">控制项</td><td colspan="7">6.1制定并实施节能、节水、节材与绿化管理制度。</td></tr>
<tr><td colspan="7">6.2建筑运行过程中无不达标废气、废水排放。</td></tr>
<tr><td colspan="7">6.3制定垃圾管理制度，对垃圾物流进行有效控制，对废弃物进行分类收集，防止垃圾无序倾倒和二次污染。</td></tr>
<tr><td rowspan="4">管理制度</td><td colspan="7">6.4物业管理部门通过ISO 14001环境管理体系、ISO 9001质量管理体系认证与GB/T 23331能源管理体系认证。评价分值：8分。</td></tr>
<tr><td colspan="7">6.5实施资源管理激励机制，管理业绩与节约资源、提高经济效益挂钩。评价分值：4分。</td></tr>
<tr><td colspan="7">6.6（新）节能、节水、节材与绿化的操作管理制度在现场上墙，值班人员严格遵守规定。可再生能源系统、雨废水回用系统等的运行具有完善的管理制度、应急预案与完整的运行记录。评价分值：12分。</td></tr>
<tr><td colspan="7">6.7（新）建立绿色教育宣传制度，形成良好的绿色行为与风气。评价分值：6分。</td></tr>
</table>

续表

<table>
<tr><th colspan="4">内蒙古地区绿色公共建筑评价标准</th></tr>
<tr><th>指标名称</th><th>评价方面</th><th colspan="2">绿色公共建筑条文</th></tr>
<tr><td rowspan="10">运营管理</td><td rowspan="4">技术管理</td><td colspan="2">6.8智能化系统的运行效果满足公共建筑运行与管理的需要，信息网络系统功能完善。评价分值：12分。</td></tr>
<tr><td colspan="2">6.9对空调通风系统按照现行国家标准《空调通风系统清洗规范》（GB 19210）规定进行定期检查和清洗。评价分值：6分。</td></tr>
<tr><td colspan="2">6.10定期检查、调试公共设施设备、管道，根据环境与能耗的检测数据，进行设备系统的运行优化与能效管理。评价分值：10分。</td></tr>
<tr><td colspan="2">6.11建筑通风、空调、照明等设备自动监控系统技术合理，系统高效运营。应用信息化手段进行物业管理，建筑工程、设施、设备、部品、能耗等的档案及记录齐全。评价分值：10分。</td></tr>
<tr><td rowspan="6">环境管理</td><td colspan="2">6.12（新）垃圾站(间)存放垃圾应及时清运，不污染环境，不散发臭味，有害垃圾单独收集处理。评价分值：6分。</td></tr>
<tr><td colspan="2">6.13建筑施工兼顾土方平衡和施工道路等设施在运营过程中的使用。评价分值：6分。</td></tr>
<tr><td colspan="2">6.14（新）采用无公害病虫害防治技术，规范杀虫剂、除草剂、化肥、农药等化学药品的使用，有效避免对土壤和地下水环境的损害。评价分值：6分。</td></tr>
<tr><td colspan="2">6.15（新）栽种和移植的树木成活率大于90%，植物生长状态良好。评价分值：6分。</td></tr>
<tr><td colspan="2">6.16（新）实施可生物降解垃圾的单独收集，可生物降解垃圾的收集与垃圾处理房设有风道或排风、冲洗和排水设施，处理过程无二次污染。评价分值：4分。</td></tr>
<tr><td colspan="2">6.17（新）非传统水源的水质记录完整准确。评价分值：4分。</td></tr>
<tr><td rowspan="9">施工管理</td><td rowspan="3">控制项</td><td colspan="2">7.1制订并实施施工全过程的环境保护计划，明确施工各相关方的责任。</td></tr>
<tr><td colspan="2">7.2制订并实施施工人员健康保障管理计划。</td></tr>
<tr><td colspan="2">7.3施工过程中对设计变更进行严格管理，影响绿色建筑相关指标变化的重大变更报原审图单位审查，并在进行绿色建筑评价时提供相关书面材料。</td></tr>
<tr><td rowspan="6">资源管理</td><td rowspan="3">7.4制定用能管理办法，设定每平方米建筑施工能耗目标值，竣工时提供能耗记录及建成每平方米实际能耗值。评价分值：8分。</td><td>1.监测并记录施工过程中工作区、设备和生活区的能耗，得4分；</td></tr>
<tr><td>2.监测并记录施工中主要建筑材料、设备从工厂到施工现场运输的能耗，得2分；</td></tr>
<tr><td>3.监测并记录建筑废弃物从现场到废弃物处理/回收中心运输的能耗，得2分。</td></tr>
<tr><td rowspan="3">7.5制定用水管理办法，设定每平方米建筑施工水耗目标值。评价分值：8分。</td><td>1.监测并记录施工过程中工作区、设备和生活区的水耗数据，得4分；</td></tr>
<tr><td>2.监测并记录基坑降水的抽取量、排放量和利用量数据，得2分；</td></tr>
<tr><td>3.利用循环水洗刷、降尘、绿化等，得2分。</td></tr>
</table>

续表

内蒙古地区绿色公共建筑评价标准

指标名称	评价方面	绿色公共建筑条文	
施工管理	资源管理	7.6现浇混凝土采用预拌混凝土，减少预拌混凝土的损耗。评价分值：8分。	1.90%以上的混凝土采用预拌混凝土，得4分；
			2.预拌混凝土损耗率： 1）不大于1.5%但大于1.0%，得3分； 2）不大于1.0%，得4分。
		7.7工程用砂浆采用预拌砂浆，减少砂浆的损耗。评价分值：8分。	1.90%以上的砂浆采用预拌砂浆，得4分；
			2.预拌砂浆损耗率： 1）不大于5%但大于3%，得2分； 2）不大于3%但大于1.5%，得3分； 3）不大于1.5%，得4分。
		7.8采用专业化加工的钢筋半成品在现场安装，降低现场加工钢筋损耗率。评价分值：8分。	1.90%以上的钢筋采用专业化加工的钢筋，得8分；
			2.现场加工钢筋损耗率： 1）不大于4.0%但大于3.0%，得4分； 2）不大于3.0%但大于1.5%，得6分； 3）不大于1.5%，得8分。
		7.9提高模板周转次数。评价分值：10分。	工具式定型模板使用面积占模板工程总面积的比例： 1.不小于50%但小于70%，得6分；
			2.不小于70%但小于85%，得8分；
			3.不小于85%，得10分。
		7.10制订并实施施工废弃物减量化资源化计划，减少施工废弃物排放。评价分值：12分。	1.制订施工废弃物减量化资源化计划，得4分；
			2.可回收废弃物的回收率不小于95%，得3分；
			3.每1万平方米施工废弃物排放量： 1）不大于400t但大于350t，得1分； 2）不大于350t但大于300t，得3分； 3）不大于300t，得5分。
	过程管理	7.11落实和执行绿色设计专项内容。评价分值：8分。	1.各责任主体进行绿色专项设计文件的会审，得3分；
			2.施工前进行绿色专项设计文件的交底，得3分；
			3.施工过程中以施工日志记录绿色设计内容的落实情况，得2分。
		7.12施工过程中对绿色建筑质量性能进行检验检测。评价分值：6分。	1.有保证建筑结构耐久性的相应技术措施和检测手段与检测记录，得3分；
			2.对有关节能环保要求的材料、设备进行相关检验、检测及验收，并做好记录，得3分。
		7.13推行建筑精装修竣工交验。评价分值：14分。	1.提供统一化装修施工图纸、效果图，得5分；
			2.提供装修材料、机电设备检测报告、性能复试报告，得3分；
			3.提供建筑竣工验收证明、建筑质量保修书、使用说明书，得3分；
			4.提供业主反馈意见书，得3分。
		7.14工程竣工验收前，由建设单位组织有关责任单位，依据设计文件的环保及能效要求，进行机电系统的综合调试和联合试运转。评价分值：10分。	

续表

内蒙古地区绿色公共建筑评价标准	
指标名称	绿色公共建筑条文
创新项评价	8.1选用废弃场地进行建设。评价分值：1分。
	8.2建筑方案充分考虑当地资源、气候条件、场地特征和使用功能，合理控制和分配投资预算，具有明显的提高资源利用效率、提高建筑性能质量和环境友好性等方面的特征。评价分值：1分。
	8.3建筑围护结构、采暖空调系统、照明系统、生活热水系统等采用创新的系统形式或设备产品，并具有明显的节能优点和示范推广意义。评价分值：1分。
	8.4根据当地资源、气候条件和项目自身的特点，采用降低水资源消耗和营造良好水环境的技术和措施。评价分值：1分。
	8.5根据当地资源及气候条件，采用资源消耗和环境影响小的结构体系。评价分值：1分。
	8.6对主要建筑材料提交碳排放计算书。评价分值：1分。
	8.7合理使用经国家和地方建设主管部门推荐使用的新型建筑材料。评价分值：1分。
	8.8使用具有改善室内空气质量、明显隔声降噪效果，改善室内热舒适、控制眩光和提升采光、照明均匀性、电磁屏蔽等功能性建筑材料或技术手段，明显改善室内环境质量。评价分值：1分。
	8.9在装饰装修设计中，采用合理的预评估方法，对室内空气质量进行源头控制或采取其他保障措施。评价分值：1分。
	8.10混凝土结构采用高强钢筋作为受力钢筋的比例不小于85%。评价分值：1分。
	8.11采用其他能源资源节约和环境保护的技术、产品和管理方式。评价分值：1分。
	8.12对建筑单体施工工艺进行改进，大幅度降低能耗，节约成本并缩短施工工期。评价分值：1分。

说明：鼓励探索和使用其他有效的节能、节水、节材、节地及降低环境负荷的措施，进行星级评价时可酌情考虑降低一般项的达标要求。

根据表格计算，该五个典型公共建筑中有三个达到一星级绿色公共建筑标准，可以看出获得星级的绿色公共建筑主要集中在新建建筑上，主要是因为新建公共建筑要求高，遵循公共建筑节能标准，因此节能与能源利用方面较易达标，又因新建建筑的设备以及室内环境做得较好，因此较易达到一星级绿色建筑标准。但是从表中发现，尚未有能够获得二星级称号的公共建筑，这就说明内蒙古地区的公共建筑设计还有待继续优化。表7-3显示了内蒙古地区公共建筑在每项指标中所得的分数。

表7-3　内蒙古地区公共建筑绿色评价分值

项目名称		内蒙古工业大学建筑馆	内蒙古工业大学新设计院	和林盛乐博物馆	内蒙古科技大学实训中心	万水泉政府大楼
节地与室外环境（系数0.15）	得分	55	49	51	48	46
	总分	85	91	91	85	91
	比值	0.647	0.5385	0.5604	0.5647	0.5055
	×系数	0.097	0.0808	0.0841	0.0847	0.0758
节能与能源利用（系数0.35）	得分	8	10	8	7	13
	总分	23	23	23	23	23
	比值	0.3478	0.4348	0.3478	0.3043	0.5652
	×系数	0.1217	0.1522	0.1217	0.1065	0.1978
节水与水资源利用（系数0.1）	得分	20	20	16	16	16
	总分	45	45	45	45	45
	比值	0.4444	0.4444	0.3556	0.356	0.3556
	×系数	0.044	0.044	0.036	0.0356	0.0356
节材与材料资源利用（系数0.2）	得分	71	55	60	49	44
	总分	90	100	90	90	100
	比值	0.7889	0.55	0.6667	0.5444	0.44
	×系数	0.1578	0.11	0.1334	0.1089	0.088
室内环境质量（系数0.2）	得分	45	71	34	57	57
	总分	85	85	85	73	73
	比值	0.5294	0.8353	0.4	0.7808	0.7808
	×系数	0.1059	0.1671	0.08	0.1562	0.1562
总分（系数1）		0.5264	0.5541	0.4552	0.4919	0.5534

三、内蒙古地区绿色公共建筑的发展方向

根据表7-2所示的各评价指标及各指标的评价项设置、达标要求以及内蒙古地区公共建筑实现的程度，

作者提出分析后的调整意见以及该区未来绿色公共建筑的优势与劣势及今后的努力和发展方向。

（一）在节地与室外环境方面

内蒙古地区文教类公共建筑的容积率与地下空间利用率等指标都不易得到高分，与这类建筑的性质、使用功能等因素有关；并且该区在旧建筑利用、场地内部无障碍设计、场地原有地形地貌以及场地内的雨水专项规划等方面涉及不多，这与该区的自然气候、地理位置、地形地貌等因素有关；而该区公共建筑在场地布局规划、场地停车以及对周围环境、周围建筑与居民的影响都设计得较好，评价指标较易实现。由表7-3可知，该区公共建筑在节地与室外环境评价方面的得分率还是比较乐观的，平均能达到50%以上。该区公共建筑在节地与室外环境方面增加了场地停车位的设计以及公共建筑对周围建筑及环境的影响等方面的评价要求，更全面地提出并指导了该区绿色公共建筑在节地方面的设计思路。

（二）在节能与能源利用方面

由于内蒙古地区率先推行了节能65%的地区标准，而规范编订时主要针对的是大多地区节能50%的情况，因此，对于该区建筑来讲，体形系数与窗墙面积比都符合标准要求比较困难，整体的采暖能耗节约达到标准要求的80%就更困难了。由表7-3可知，节能方面的评价不是很理想，平均得分在40%。由于建筑本体节能的达标要求过高，使用者完全可能避开建筑本体节能以及可再生能源利用方面的达标而只注重设备节能的达标，因此在评价该区公共建筑时，主要考虑到建筑本体的节能以及对可再生能源的利用方面，对设备的评价并不在研究范围内，故此项评价并不足够客观，但也可以间接从表7-3中看出该区在节能与能源利用方面做得较好，涉及较多；但是从评价指标体系中还是可以看出，该区的节能与能源利用方面的得分率并不是很高。由于内蒙古地区在可再生能源利用方面有先天的优势，建议将这方面的分值以及被动式建筑利用等评价调整得更突出一些，更适于该区绿色建筑的发展。

（三）在节水与水资源利用方面

由于内蒙古地区属于资源型缺水地区，年降雨量小于400mm，且该区城市的再生水利用尚未形成体系，又受到公共建筑规模、地理位置、用水量的限制，一些非传统水源的利用在该区许多建筑中都没有太大的意义。内蒙古地区评价体系的制定本着鼓励开发商以及建筑师等做好绿色建筑的尝试，对于非传统水源的利用未进行太多的限制与要求。对于雨水的收集以及利用，作者建议加强场地内部以及建筑的雨水收集利用，场地内部的透水面积以及景观用水等这些被动式雨水收集利用，可以在设计中多采用，鼓励建筑师进行多种不同的尝试，从表7-3中看出，内蒙古地区在节水与水资源利用方面若是尝试采用一些被动式设计措施，比如内蒙古工业大学建筑馆和内蒙古工业大学新设计院的绿化及景观水体的设计以及和林盛乐博物馆覆土建筑等手段，就能够很好地利用雨水，节约传统水源；而相对于一般建筑来说，若没有设计上的节水策略，节水的指标实现起来会比较困难。因此，指标的调整基本实现了内蒙古地区绿色公共建筑对于建筑师以及开发商的一些引导与设计策略等。

（四）在节材与材料资源利用方面

从表7-3中不难发现，在节材方面的评价项有一定难度，主要原因是施工方面对材料的节约管理不足，对废弃的旧材料的可回收利用率极低；但对于该区来说，节材方面做得较好，特别是内蒙古工业大学建筑馆与和林盛乐博物馆在节材与材料资源利用方面做得比较好。内蒙古工业大学建筑馆是旧工业厂房改造，故本项得分率较高，和林盛乐博物馆是覆土建筑，并且土建与装修工程一体化设计。因此，根据表7-3中分析以及结合内蒙古地区实际，作者建议该区公共建筑要注意施工方面对材料的节约管理、建筑使用高性能混凝土与钢材、土建与装修工程一体化设计等，以及尽量选用本土的、可再生的建筑材料，从而更好地实现该区公共建筑材料利用方面的节约。

（五）在室内环境质量方面

星级目标的实现相对较容易，从表7-3中不难看出，内蒙古地区公共建筑室内环境质量平均都能达到一星级标准，反映了绿色公共建筑室内环境质量与常规建筑相比并无明显优势，对于鼓励绿色公共建筑发展的地区来说，这样的评价原则是可行的，但就绿色建筑的成长与发展来说，还应该在不提高能耗的前提下发掘更好的设计策略，又或者是能够一边降低能耗一边改善绿色建筑的室内环境质量。就目前内蒙古地区绿色建筑的发展阶段，只要努力做好本书所列的评价体系上的措施与指标，就能够很好地改善室内环境。

（六）在施工方面以及运营方面

鉴于内蒙古地区绿色公共建筑才刚刚起步，各项设计策略、措施尚在探索阶段，没有形成固定的设计体系；并且本着着重发展、鼓励该区的开发商与建筑师、设计师等更好地探索和发掘绿色建筑设计策略，所以本书并未涉及这方面的评价体系对实际建成的建筑进行评价，但是也综合考虑了《绿色建筑评价标准》以及内蒙古地区的实际特点，综合制定了适宜本地区的运营与施工方面的评价标准。更多地鼓励建筑师努力发掘适于该区的建筑设计策略。

（七）在创新项方面

鼓励建筑师以及研究人员更多地研究适于内蒙古

地区的绿色建筑设计策略以及实现这些策略的量化指标，从而更好地发展该区的绿色公共建筑。就目前该区公共建筑而言，只有个别利用旧工业厂房等，或是建筑方案充分考虑到当地资源、气候条件、场地特征和使用功能等方面的特征的可以获得创新项的分值。因此，作者鼓励本地区的公共建筑在设计与建设阶段可以充分挖掘适于本地的、可行性强的、经过实践的方法与策略，并建议加入评价项："对建筑单体施工工艺进行改进、大幅度降低能耗，节约成本并缩短施工工期。"

第三节 “内蒙古地区绿色建筑评价标准”的适用性结论

作者在地区标准的框架设计中，沿用了原有《绿色建筑评价标准》设计指南型的框架特点，但在其基础上做了加强标准指导性的必要的调整。首先，将各评价项的目的、意图进行归总，明确指出每一大类指标的实施方面与控制要求，然后将各控制方面的实现措施以及最终总目标的实现情况共同作为绿色建筑的评价项。其次，明确标明了指标各实施方面所涉及的主要阶段及人群。这样的框架设计，更有利于使用者从总体上把握绿色建筑的总目标，明确目标实现的主要方面与要求以及需考虑、协调、控制的各个阶段，对绿色目标进行总体规划与系统控制；有利于实施阶段各相关方的共同参与、交流，实现各方简单叠加难以达到的最优系统；有利于对绿色建筑进行手段、目标综合评价。

地区标准的指标设置在仔细分析《绿色建筑评价标准》局限性的基础上予以改善，使指标设置更全面、具体、可选择的空间更大，指标的具体内容更符合内蒙古地区实际。为了强调绿色建筑的系统效益，地区标准在国家星级评价的基础上加入了绿色建筑的等级评价，凸显了地区标准对绿色性能及实现手段效益的全面要求。更符合绿色建筑的原则与追求可持续发展的本质。

基于《绿色建筑评价标准》采用的是项数通过制，以及作者没有进行较全面的专家调查与层次分析，地区标准在权重设置方面仍没有突破性的改善，仅在经济效益与环境效益评价中，借鉴了国内较权威的权重设计的结论。对于作者想要提倡的以设计为基础，重被动、选主动、优系统的地区绿色策略没能在权重设置方面重点凸显。

由于作者所建立的地区标准仅是在《绿色建筑评价标准》基础上的“改良”而非“革命”，因此，其必然带有很大的局限性。

参考文献

标准

[1] 绿色建筑评价标准（GB/T 50378—2006）[S]. 北京：中国建筑工业出版社，2006.

[2] 绿色建筑技术导则 [S]. 北京：中国建筑工业出版社，2005.

[3] 绿色建筑评价技术细则（试行）[S]. 建设部科学技术司，2007.

[4] 绿色建筑评价技术细则补充说明（规划设计部分）[S]. 2008.

[5] 绿色建筑评价标准（GB/T 50378—2014）[S]. 北京：中国建筑工业出版社，2015.

[6] 建筑照明设计标准（GB 50034—2013）[S]. 北京：中国建筑工业出版社，2014.

[7] 民用建筑节水设计标准（GB 50555—2010）[S]. 北京：中国建筑工业出版社，2010.

[8] 建筑采光设计标准（GB 50033—2013）[S]. 北京：中国建筑工业出版社，2013.

[9] 民用建筑热工设计规范（GB 50176—2016）[S]. 北京：中国建筑工业出版社，2017.

[10] 严寒和寒冷地区居住建筑节能设计标准（JGJ 26—2010）[S]. 北京：中国建筑工业出版社，2010.

[11] 民用建筑隔声设计规范（GB 50118—2010）[S]. 北京：中国建筑工业出版社，2011.

报告

[12] 清华大学建筑节能研究中心 . 中国建筑节能年度发展研究报告（2012）[R]. 北京：中国建筑工业出版社 .

[13] 清华大学建筑节能研究中心 . 中国建筑节能年度发展研究报告（2011）[R]. 北京：中国建筑工业出版社 .

[14] 清华大学建筑节能研究中心 . 中国建筑节能年度发展研究报告（2010）[R]. 北京：中国建筑工业出版社 .

著作图书文献

[15] 聂梅生，秦佑国 . 中国生态住宅技术评估手册 [M]. 北京：中国建筑工业出版社，2001.

[16] 潘谷西 . 中国建筑史 [M]. 北京：中国建筑工业出版社，2002.

[17] 王其亨 . 风水理论研究 [M]. 天津：天津大学出版社，1992.

[18] 田广林 . 中国东北西辽河地区的文明起源 [M]. 北京：中华书局，2004.
[19] 张星德 . 红山文化研究 [M]. 北京：中国社会科学出版社，2005.
[20] 王瑛 . 建筑趋同与多元的文化分析 [M]. 北京：中国建筑工业出版社，2005.
[21] 孟驰北 . 草原文化与人类历史（上下卷）[M]. 北京：国际文化出版公司，1999.
[22] 吴良镛 . 广义建筑学 [M]. 北京：清华大学出版社，1989.
[23] 张钦楠 . 建筑设计方法学 [M]. 西安：陕西科学技术出版社，1995.
[24] 陈凯峰 . 建筑文化学 [M]. 上海：同济大学出版社，1996.
[25] 庞朴，刘泽华 . 中国传统文化精神 [M]. 沈阳：辽宁人民出版社，1996.
[26] 巴・布和朝鲁 . 蒙古包文化 [M]. 呼和浩特：内蒙古人民出版社，2003.
[27] 单德启 . 从传统民居到地区建筑 [M]. 北京：中国建材工业出版社，2004.
[28] 盖山林 . 丝绸之路草原民族文化 [M]. 乌鲁木齐：新疆人民出版社，1996.
[29] 内蒙古自治区建筑历史编辑委员会 . 内蒙古古建筑 [M]. 北京：文物出版社，1959.
[30] 吴良镛 . 国际建协《北京宪章》[M]. 北京：清华大学出版社，2002.
[31] 清华大学建筑学院，清华大学建筑设计研究院 . 建筑设计的生态策略 [M]. 北京：中国计划出版社，2001.
[32]（美）沙里宁 . 形式的探索 [M]. 顾启源，译 . 北京：中国建筑工业出版社，1989.
[33] 李约瑟 . 中国古代科学技术史 [M]. 北京：科学出版社，1992.
[34] 刘先觉 . 现代建筑理论——建筑结合人文科学自然科学与技术科学的新成就 [M]. 中国建筑工业出版社，1999.
[35] 孙大章 . 中国民居研究 [M]. 北京：中国建筑工业出版社，2004.
[36] 侯继尧，王军，等 . 窑洞民居 [M] 北京：中国建筑工业出版社，1989.
[37] 吴良镛 . 人居环境科学导论 [M]. 北京：中国建筑工业出版社，2001.

[38] 张驭寰.中国古代建筑技术史[M].北京：科学出版社，1985.

[39] 李允鉌.华夏意匠——中国古典建筑设计原理分析[M].香港：广角镜出版社，1982.

[40] 刘致平.中国建筑类型及结构[M].北京：中国建筑工业出版社，2000.

[41] 中国建筑学会窑洞及生土建筑调研组，等.中国生土建筑[M].天津：天津科学技术出版社，1985.

[42] 夏云.生态与可持续建筑[M].北京：中国建筑工业出版社，2001.

[43] 李晓峰.乡土建筑——跨学科研究理论与方法[M].北京：中国建筑工业出版社，2005.

[44] 陆元鼎.中国传统民居与文化[M].北京：中国建筑工业出版社，1991.

[45] 王其钧.中国民间住宅建筑[M].北京：机械工业出版社，2003.

[46] 张彤.整体地区建筑[M].南京：东南大学出版社，2003.

[47] 江帆.满族生态与民俗文化[M].北京：中国社会科学出版社，2005.

[48] 朱亚光.中国科学技术文库·建筑工程、水利工程（上、下）[M].北京：科学技术文献出版社，1998.

[49] 中国建筑科学研究院，等.绿色建筑在中国的实践：评价·示例·技术[M].北京：中国建筑工业出版社，2007.

[50] 周若祁，等.绿色建筑体系与黄土高原基本聚居模式[M].北京：中国建筑工业出版社，2007.

[51] 刘念雄，秦佑国.建筑热环境[M].北京：清华大学出版社，2006.

[52] 陈晓杨，仲德崑.地方性建筑与适宜技术[M].北京：中国建筑工业出版社，2008.

[53] 住房和城乡建设部科技发展促进中心.绿色建筑评价技术指南[M]北京：中国建筑工业出版社，2010.

[54] TopEnergy 绿色建筑论坛.绿色建筑评估[M].北京：中国建筑工业出版社，2007.

[55] 刘加平.建筑创作中的节能设计[M].北京：中国建筑工业出版社，2009.

[56] 杨柳.建筑气候学[M].北京：中国建筑工业出版社，2010.

[57] 王立雄 . 建筑节能 [M]. 北京：中国建筑工业出版社，2004.
[58] 刘加平，等 . 绿色建筑概论 [M]. 北京：中国建筑工业出版社 .2010.
[59] 李继业，等 . 建筑节能工程设计 [M]. 北京：化学工业出版社 .2012.
[60] 徐吉浣，寿炜炜 . 公共建筑节能设计指南 [M]. 上海：同济大学出版社，2007.
[61] 薛志峰 . 公共建筑节能 [M]. 北京：中国建筑工业出版社，2007.
[62] Lloyd Jones. Architecture and the Environment: Bioclimatic building design [M]. London：Laurence King Publishing. 1998.
[63] Givoni B. Climatic Considerations in building and Urban Design [M]. New York. ：Van Nostrand Reinhold. 1998.

翻译图书文献

[64]（美）A. 拉普普特 . 建成环境的意义——非语言表达方式 [M]. 黄兰谷，等，译 . 北京：中国建筑工业出版社，1992.
[65]（英）G. 勃罗德彭特 . 建筑设计与人文科学 [M]. 张韦，译 . 北京：中国建筑工业出版社，1990.
[66]（英）凯瑟琳 • 斯莱塞 . 地域风格建筑 [M]. 彭信苍，译 . 南京：东南大学出版社，2001.

学术刊物文献 [期刊文章]

[67] 朱颖心 . 绿色奥运建筑评估与绿色建材评价节选（三）[J]. 中国建材，2005.07.
[68] 江亿，秦佑国，朱颖心 . 绿色奥运建筑评估体系研究 [J]. 中国住宅设施，2004.
[69] 孙立新，闫增峰，杨丽萍 . 西安市公共建筑能耗现状调查与分析 [J]. 建筑科学，2008.
[70] 张蕊蕊，张杰，胡卜元 . 绿色生态建筑评价与暖通空调技术 [J]. 河北工程大学学报（自然科学版），2006.4.
[71] 秦佑国 . 发展绿色建筑要考虑中国国情 [J]. 生态城市与绿色建筑 2010 春季刊 .
[72] 宋大川 . 中国传统风水学说的源流及社会影响 [J]. 北京文博，2000. 第 1 期 .

[73] 麻国庆．草原生态与蒙古族的民间环境知识［J］．内蒙古社会科学（汉文版），2001（1）.
[74] 高静，刘加平，户拥军．地域建筑文化的三种技术表现［J］．西安建筑科技大学学报（自然科学版），2005（6）.
[75] 荆其敏．生态建筑学［J］．建筑学报，2000（7）.
[76] 邓浩．生态高技建筑［J］．新建筑，2000（3）.
[77] 孟庆涛，张文海，常学礼．我国北方农牧交错区形成的原因［J］．内蒙古环境保护，2003（1）.
[78] 钱锋．我国生态建筑实践需解决的问题［J］．现代城市研究，2003（3）.
[79] 李东．一种新的建筑设计理念——生态学方法在建筑设计中的应用之初探［J］．华中建筑，1998（4）.
[80] 陈正新，王学东，史世斌，等，内蒙古阴山北麓农牧交错带生态建设中天然草地的利用［J］．中国草地，2001（6）.
[81] 朱馥艺，刘先觉．生态原点——气候建筑［J］．新建筑，2000（3）.
[82] 吴良镛．乡土建筑的现代化，现代建筑的地区化——在中国新建筑的探索道路上［J］．华中建筑，1998（1）.
[83] 刘克成．绿色建筑体系及其研究［J］．新建筑，1997（4）.
[84] 李晓峰．从生态学观点探讨传统聚居特征及承传与发展［J］．华中建筑，1996（4）.
[85] 薛恩伦．重视环境、文化传统与生态平衡的高技派建筑［J］．世界建筑，2000（4）.
[86] 刘志鸿．当代西方绿色建筑学理论初探［J］．新建筑，2000（3）.
[87] 石铁矛．建立生态意识　走向建筑生态设计［J］．新建筑，1999（2）.
[88] 宋晔皓．建立生态环境意识——评格雷姆肖的环境策略与实践［J］．世界建筑，2000（4）.
[89] 吴红．建筑中环境与人的关系［J］．建筑知识，2004（4）.
[90] 李立敏，王竹．绿色住区可持续发展机制研究——从控制论角度探讨延安枣园村规划设计［J］．新建筑，1999（5）.
[91] 朱莉宏．议生态建筑［J］．节能与环保，2004（3）.
[92] 张亚民．生态建筑设计的原则及对策研究［J］．节能技术，2004（2）.
[93] 梁炯，唐国安．论中国传统建筑中的生态设计思想［J］．规划师，2003（11）.

[94] 王冬. 关于乡土建筑建造技术研究的若干问题 [J]. 华中建筑，2003 (4).
[95] 汪维，韩继红，王有为，等. 发展绿色建筑正当时 [J]. 上海住宅，2005 (9).
[96] 王建革. 游牧方式与草原生态——传统时代呼盟草原的冬营地 [J]. 中国历史地理论丛，2003 (2).
[97] 孟和宝音. 蒙古族聚落文化的生态分析 [J]. 蒙古学集刊，2003 (1).
[98] 欧军. 草原游牧文化与中原农耕文化之比较 [J]. 集宁师专学报，1994 (1).
[99] 韩光煦，韩梅. 广义生态建筑：在自然与文化中寻找平衡 [J]. 城市开发，2004 (4).
[100] 曾群. 生态建筑与生态世界观 [J]. 中外建筑，2003 (4).
[101] 秦佑国，林波荣，朱颖心. 中国绿色建筑评估体系研究 [J]. 建筑学报，2007 (3).

学位论文

[102] 李路明. 绿色建筑评价体系研究 [D]. 天津大学硕士学位论文，2003.
[103] 戴德新. 西安地区绿色公共建筑综合评价研究 [D]. 长安大学硕士学位论文，2010.
[104] 胡鹏飞. 公共建筑绿色设计及评价研究 [D]. 中南大学硕士学位论文，2010.
[105] 宋承珠. 绿色公共建筑综合评价技术研究 [D]. 兰州交通大学硕士学位论文，2010.
[106] 杨宇振. 中国西南地域建筑文化的研究 [D]. 重庆大学博士学位论文，2002.
[107] 尼宁. 生态建筑设计原理及设计方法研究 [D]. 北京工业大学硕士学位论文，2003.
[108] 杨柳. 建筑气候分析与设计策略研究 [D]. 西安建筑科技大学博士学位论文，2003.
[109] 宫学宁. 内蒙古藏传佛教格鲁派寺庙——五当召研究 [D]. 西安建筑科技大学硕士学位论文，2003.
[110] 邱亦锦. 地域建筑形态特征研究 [D]. 大连理工大学硕士学位论文，2006.
[111] 高静. 建筑技术文化的研究 [D]. 西安建筑科技大学硕士学位论文，2005.

[112] 王娟 . 从“生态技术”的角度探讨内蒙古建筑的地域性 [D]. 内蒙古工业大学硕士学位论文，2008.
[113] 王旭鸣 . 内蒙古地区绿色公共建筑综合评价研究 [D]. 内蒙古工业大学硕士学位论文，2008.
[114] 尹杨 . 四川地区绿色建筑评价体系研究 [D]. 西南交通大学硕士学位论文，2010.

电子文献

[115] The David and Lucile Packard Foundation, Building for Sustainability Report [EB/OL].（2002-10）.http：//www.bnim.com/newsite/pdfs/2002-Report.pdf.
[116] McClann, A.et al.Water conservation for Rhode Island lawns [J/OL]. J.awwa, 1994.04.
[117] Brown G.Z. Sun, Wind & Light：Architectural design strategies [M/OL].
[118] Yudelson, J.Green building through integrated design [M/OL].
[119] Melaver, M. The Green building bottom line [M/OL].
[120] http：//blog.sina.com.cn/s/blog_4968d3550100bvrt.html.
[121] http：//www.bestvilla.com.cn/2010/0412/28706_2.html.
[122] http：//www.topenergy.org/ 筑能网 .
[123] http：//www.chinagb.net/ 能源世界 .
[124] http：//www.abbs.com.cn/jobs/ 建筑论坛 .
[125] http：//ecodesign.arch.wustl.edu.
[126] 中国绿色建筑网 http：//www.cngbn.com/
[127] 中国太阳能网 http：//www.china-solarenergy.com/
[128] 筑能网绿色建筑论坛 http：//www. TopEnergy.org/bbs
[129] http：//www.ABBS.com.cn
[130] http：//FAR2000.com
[131] 草原文化论坛网
[132] 北方游牧民族网
[133] 内蒙古草原信息网

附录 地区《绿色建筑评价标准》的具体内容

公共建筑

（一）节地与室外环境

目的：在创造优质室外环境的同时保证节约用地，降低建筑环境负荷。

要求：总分值100分

1.控制项

（1）场地不破坏当地文物、自然水系、湿地、基本农田、森林以及其他保护区，不违法占用绿地。

（2）建筑场地选址无洪涝灾害、泥石流及含氡土壤的威胁。建筑场地安全范围内无电磁辐射危害和火、爆、有毒物质等危险源。

（3）场地内无排放超标的污染源。

（4）施工过程中制订并实施保护环境的具体措施，控制由于施工引起各种污染以及对场地周边区域的影响。

2.土地利用（分值：37）

（1）绿化物种选择适于当地气候和土壤条件的乡土植物，且采用包含乔、灌木的复层绿化，公共建筑绿地率指标为30%。评价分值：9分。

（2）合理开发利用地下空间，结合公共建筑类型可不参评。评价分值：6分。

（3）充分利用尚可使用的旧建筑，并纳入规划项目。评价分值：3分。

（4）（新）项目用地规划节约集约利用土地。评价分值：19分。

3.室外环境（分值：15）

（1）不给周边建筑物带来光污染，不影响周围居住建筑的日照要求，室外照明和幕墙设计避免光污染。评价分值：3分。

（2）场地环境噪声符合现行国家标准《城市区域环境噪声标准》（GB 3096）的规定。评价分值：6分。

（3）场地内风环境有利于冬季室外行走舒适及过渡季、夏季的自然通风。评价分值：6分。

4.交通设施与公共服务（分值：24）

（1）场地与公共交通设施具有便捷的联系，场地交通组织合理。评价分值：9分。

（2）（新）场地内人行通道均采用无障碍设计，且与建筑场地外人行通道无障碍连通。评价分值：3分。

（3）（新）合理设置停车场所。评价分值：6分。

（4）（新）提供便利的公共服务。评价分值：6分。

5.场地设计与场地生态（分值：24）

（1）合理选择绿化方式，合理配置绿化植物。评价分值：6分。

（2）充分结合现有地形地貌进行场地设计与建筑布局，保护场地内原有的自然水域、湿地，采取生态恢复措施，充分利用表层土。评价分值：3分。

（3）充分利用场地空间，合理设置绿色雨水基础设施。评价分值：9分。

（4）（新）合理规划地表与屋面雨水径流，对场地雨水实施径流总量控制。评价分值：6分。

（二）节能与能源利用

目的：节约建筑运行阶段的使用能耗。

要求：总分值100分

1.控制项

（1）不采用电热锅炉、电热水器作为直接采暖和空气调节系统的热源。

（2）各房间或场所的照明功率密度值不高于现行国家标准《建筑照明设计标准》（GB 50034）规定的现行值。

（3）新建的公共建筑，冷热源、输配系统和照明等各部分能耗进行独立分项计量。

（4）建筑外窗的气密性不低于现行国家标准《建

筑外窗气密性能分级及检测方法》（GB 7107）规定的4级要求。

（5）改建和扩建的公共建筑，冷热源、输配系统和照明等各部分能耗进行独立分项计量。

2.建筑本体节能（分值：20）

（1）集中采暖或集中空调的建筑，围护结构热工性能指标优于国家批准或备案的公共建筑节能标准的规定。评价分值：10分。

（2）建筑外窗可开启面积不小于外窗总面积的30%，玻璃幕墙可开启，使建筑获得良好的通风。评价分值：4分。

（3）结合场地自然条件，对建筑的体形、朝向、楼间距等进行优化设计，使建筑获得良好的通风、日照和采光。评价分值：6分。

3.设备节能要求（分值：56）

（1）空调采暖系统的热源机组或冷源机组能效高于现行国家标准及相关标准的规定。评价分值：6分。

（2）全空气空调系统采取实现全新风运行或可调新风比的措施。评价分值：6分。

（3）建筑物处于部分冷热负荷时和仅部分空间使用时，采取有效措施节约通风空调系统能耗。评价分值：9分。

（4）选用效率高的节能设备与系统。集中采暖系统热水循环水泵的耗电输热比，集中空调系统风机单位风量耗功率和冷热水输送能效比符合现行国家标准《公共建筑节能设计标准》的规定。评价分值：6分。

（5）各房间或场所的照明功率密度值不高于现行国家标准《建筑照明设计标准》（GB 50034）规定的目标值。评价分值：10分。

（6）峰谷电价差高于2.5倍的地区，合理采用蓄冷蓄热系统。评价分值：3分。

（7）（新）合理选择和优化采暖、通风与空调系统。评价分值：10分。

（8）（新）照明系统采取分区、定时、照度调节等节能控制措施。评价分值：3分。

（9）（新）变压器选用节能产品，并对供配电系统进行动态无功补偿和谐波治理。评价分值：3分。

4.能源综合利用（分值：24）

（1）利用排风对新风进行预热（或预冷）处理，降低新风负荷，排风能量回收系统设计合理并运行可靠。评价分值：3分。

（2）选用余热或废热利用等方式提供建筑所需蒸汽或生活热水。评价分值：3分。

（3）合理采用分布式热电冷联供技术，系统全年能源综合利用率不低于80%。评价分值：5分。

（4）根据当地气候和自然资源条件，充分利用太阳能、地热能等可再生能源。评价分值：10分。

（5）（新）合理选用节能型电梯和步梯，并采取电梯群控、步梯自动启停等节能控制措施。评价分值：3分。

（三）节水与水资源利用

目的：节约建筑运行阶段的水资源利用。

要求：总分值100分

1.控制项

（1）在方案、规划阶段制定水系统规划方案，统筹、综合利用各种水资源。

（2）设置合理、完善的供水、排水系统。

（3）使用非传统水源时，采取用水安全保障措施，且不对人体健康与周围环境产生不良影响。

2.节水系统的综合利用（分值：27）

（1）采取有效措施避免管网漏损。评价分值：7分。

（2）按用途和付费（或管理）单元设置用水计量装置。评价分值：10分。

（3）（新）公共建筑平均日用水量符合国家标准《民用建筑节水设计标准》（GB 50555）规定。评价分值：10分。

3.节水器具与设备方面（分值：35）

（1）绿化灌溉采用喷灌、微灌等高效节水灌溉方式。评价分值：10分。

（2）（新）使用较高用水效率等级的卫生器具，评价分值：10分。

（3）（新）采用循环冷却水节水技术。评价分值：10分。（本条适用于集中空调）

（4）（新）其他用水设备采用了节水技术或措施。评价分值：5分。

4.非传统水源利用（分值：38）

（1）旅馆、办公、商场类建筑非传统水源利用率不低于表5.3.11的要求。评价分值：15分。

（2）住宅、旅馆、办公、商场类以外的建筑生活杂用水采用非传统水源。评价分值：15分。

（3）通过技术经济比较，合理确定雨水积蓄、处理及利用方案，结合雨水利用设施进行景观水体设计，景观水体利用雨水的补水量大于其水体蒸发量的70%。评价分值：8分。

（四）节材与材料资源利用

目的：节约用材，减少建材全寿命周期中的能源、资源消耗及环境影响。

要求：总分值100分

1.控制项

（1）建筑材料中有害物质含量符合现行国家标准的要求。

（2）建筑造型要素简约，无大量装饰性构件。

2.设计优化（分值：55）

（1）现浇混凝土采用预拌混凝土，减少楼地面现浇面层和墙面抹灰的厚度，合理使用清水混凝土。评价分值：5分。

（2）将建筑施工、旧建筑拆除和场地清理时产生的固体废弃物分类处理，并将其中可再利用材料、可再循环材料回收和再利用。评价分值：5分。

（3）土建与装修工程一体化设计施工，不破坏和拆除已有的建筑构件及设施，避免重复装修。评价分值：5分。

（4）采用资源消耗和环境影响小的建筑结构体系，对结构体系进行优化设计，达到节材效果。评价分值：10分。

（5）（新）合理利用场址范围内的已有建筑物、构筑物。评价分值：5分。

（6）选用工厂化预制生产的建筑构、配件，并控制运输距离。评价分值：5分。

（7）（新）选用遵循模数协调原则的建筑构配件和材料，减少施工废料。评价分值：10分。

（8）办公、商场类建筑室内采用灵活隔断，减少重新装修时的材料浪费和垃圾产生。评价分值：10分。

3.材料选用（分值：45）

（1）建筑结构材料合理采用高性能混凝土、高强度钢。评价分值：10分。

（2）在保证安全和不污染环境的情况下，尽可能多地使用可再利用建筑材料、可再循环建筑材料。评价分值：15分。

（3）在保证性能的前提下，使用以废弃物为原料生产的建筑材料。评价分值：10分。

（4）（新）建筑外立面、室内地面、墙面、顶棚等部位的装饰装修材料使用耐久性好和易维护的建筑材料。评价分值：10分。

（五）室内环境质量

目的：为建筑提供优质高效的室内环境。

要求：总分值100分

1.控制项

（1）采用中央空调的建筑，房间内的温度、湿度、风速等参数符合现行国家标准《公共建筑节能设计标准》（GB 50189）中的设计计算要求。

（2）在室内温、湿度设计条件下，建筑围护结构内表面有防结露设计措施。

（3）室内新风量符合现行国家标准《民用建筑供暖通风与空气调节设计规范》（GB 50736）的规定。

（4）室内游离甲醛、苯、氨、氡和TVOC等空气污染物浓度符合现行国家标准《民用建筑工程室内环境污染控制规范》（GB 50325）的规定。

（5）建筑室内照度、统一眩光值、一般显色指数等指标满足现行国家标准《建筑照明设计标准》（GB 50034）中的有关要求。

2.室内声环境改善措施（分值：20）

（1）公共建筑室内背景噪声符合现行国家标准《民用建筑隔声设计规范》（GB 50118）中的高要求标准。评价分值：10分。

（2）主要功能房间的隔墙、楼板和门窗的隔声性能满足现行国家标准《民用建筑隔声设计规范》（GB 50118）中的高要求标准。评价分值：10分。

3.室内光环境与视野（分值：30）

（1）建筑主要功能房间具有良好的视野，避免视线干扰，在规定的使用区域，主要功能房间70%以上的区域都能通过外窗看到室外自然景观，且无视线干扰。评价分值：5分。

（2）公共建筑主要功能房间75%以上的面积，采光系数满足现行国家标准《建筑采光设计标准》（GB 50033）的要求。评价分值：8分。

（3）采用合理措施改善室内大进深区域或地下空间的自然采光效果。评价分值：12分。

（4）建筑入口和主要活动空间设有无障碍设施。评价分值：5分。

4.室内热湿环境（分值：20）

（1）采取可调节遮阳措施，防止夏季太阳辐射透过窗户玻璃直接进入室内，改善室内热环境。评价分值：12分。

（2）合理采用调节方便并可有效提高人员舒适性的采暖空调系统。评价分值：8分。

5.室内空气质量（分值：30）

（1）采取建筑空间平面和构造设计优化措施，改善原通风不良区域的自然通风效果，使得建筑在过渡季典型工况下，90%的房间的平均自然通风换气次数不小于2次/h。评价分值：10分。

（2）人员变化大的区域设置室内空气质量监控系统，保证健康舒适的室内环境。评价分值：10分。

（3）（新）室内气流组织合理，避免卫生间、餐厅、地下车库等区域的空气和污染物串通到室内其他空间或室外主要活动场所；重要功能区域通风或空调采暖工况下的气流组织满足要求。评价分值：5分。

（4）（新）地下空间设置与排风设备联动的一氧化碳浓度监测装置，保证地下空间污染物浓度符合有关标准的规定。评价分值：5分。

（六）运营管理

目的：绿色建筑的运营管理必须保证绿色建筑的正常运行与预期效益的实现，同时，为住户提供优质的物业服务。

要求：总分值100分

1.控制项

（1）制定并实施节能、节水、节材与绿化管理制度。

（2）建筑运行过程中无不达标废气、废水排放。

（3）制定垃圾管理制度，对垃圾物流进行有效控制，对废弃物进行分类收集，防止垃圾无序倾倒和二次污染。

2.管理制度（分值：30）

（1）物业管理部门通过ISO 14001环境管理体系、ISO 9001质量管理体系认证与GB/T 23331能源管理体系认证。评价分值：8分。

（2）实施资源管理激励机制，管理业绩与节约资源、提高经济效益挂钩。评价分值：4分。

（3）（新）节能、节水、节材与绿化的操作管理制度在现场上墙，值班人员严格遵守规定。可再生能源系统、雨废水回用系统等的运行具有完善的管理制度、应急预案与完整的运行记录。评价分值：12分。

（4）（新）建立绿色教育宣传制度，形成良好的绿色行为与风气。评价分值：6分。

3.技术管理（分值：38）

（1）智能化系统的运行效果满足公共建筑运行与管理的需要，信息网络系统功能完善。评价分值：12分。

（2）对空调通风系统按照现行国家标准《空调通风系统清洗规范》（GB 19210）规定进行定期检查和清洗。评价分值：6分。

（3）定期检查、调试公共设施设备、管道，根据环境与能耗的检测数据，进行设备系统的运行优化与能效管理。评价分值：10分。

（4）建筑通风、空调、照明等设备自动监控系统技术合理，系统高效运营。应用信息化手段进行物业管理，建筑工程、设施、设备、部品、能耗等的档案及记录齐全。评价分值：10分。

4.环境管理（分值：32）

（1）（新）垃圾站（间）存放垃圾应及时清运，不污染环境，不散发臭味，有害垃圾单独收集处理。评价分值：6分。

（2）建筑施工兼顾土方平衡和施工道路等设施在运营过程中的使用。评价分值：6分。

（3）（新）采用无公害病虫害防治技术，规范杀虫剂、除草剂、化肥、农药等化学药品的使用，有效避免对土壤和地下水环境的损害。评价分值：6分。

（4）（新）栽种和移植的树木成活率大于90%，植物生长状态良好。评价分值：6分。

（5）（新）实施可生物降解垃圾的单独收集，可生物降解垃圾的收集与垃圾处理房设有风道或排风、冲洗和排水设施，处理过程无二次污染。评价分值：4分。

（6）（新）非传统水源的水质记录完整准确。评价分值：4分。

（七）施工管理

目的：绿色建筑新建立的项目，开始关注施工管理的绿色设计。

要求：总分值100分

1.控制项

（1）制订并实施施工全过程的环境保护计划，明确施工各相关方的责任。

（2）制订并实施施工人员健康保障管理计划。

（3）施工过程中对设计变更进行严格管理，影响绿色建筑相关指标变化的重大变更报原审图单位审查，并在进行绿色建筑评价时提供相关书面材料。

2.资源管理（分值：62）

（1）制定用能管理办法，设定每平方米建筑施工能耗目标值，竣工时提供能耗记录及建成每平方米实际能耗值。评价分值：8分。

（2）制定用水管理办法，设定每平方米建筑施工水耗目标值。评价分值：8分。

（3）现浇混凝土采用预拌混凝土，减少预拌混凝土的损耗。评价分值：8分。

（4）工程用砂浆采用预拌砂浆，减少砂浆的损耗。评价分值：8分。

（5）采用专业化加工的钢筋半成品在现场安装，降低现场加工钢筋损耗率。评价分值：8分。

（6）提高模板周转次数。评价分值：10分。

（7）制定并实施施工废弃物减量化资源化计划，减少施工废弃物排放。评价分值：12分。

3.过程管理（分值：38）

（1）落实和执行绿色设计专项内容。评价分值：8分。

（2）施工过程中对绿色建筑质量性能进行检验检测。评价分值：6分。

（3）推行建筑精装修竣工交验。评价分值：14分。

（4）工程竣工验收前，由建设单位组织有关责任单位，依据设计文件的环保及能效要求，进行机电系统的综合调试和联合试运转。评价分值：10分。

（八）创新项

目的：鼓励在各环节和阶段采用先进、适用、经济的技术、产品和管理方式的创新。

要求：总分值12分

1.选用废弃场地进行建设。评价分值：1分。

2.建筑方案充分考虑当地资源、气候条件、场地特征和使用功能，合理控制和分配投资预算，具有明显的提高资源利用效率、提高建筑性能质量和环境友好性等方面的特征。评价分值：1分。

3.建筑围护结构、采暖空调系统、照明系统、生活热水系统等采用创新的系统形式或设备产品，并具有明显的节能优点和示范推广意义。评价分值：1分。

4.根据当地资源、气候条件和项目自身的特点，采用降低水资源消耗和营造良好水环境的技术和措施。评价分值：1分。

5.根据当地资源及气候条件采用资源消耗和环境影响小的建筑结构体系。评价分值：1分。

6.对主要建筑材料提交碳排放计算书。评价分值：1分。

7.合理使用经国家和地方建设主管部门推荐使用的新型建筑材料。评价分值：1分。

8.使用具有改善室内空气质量、明显隔声降噪效果，改善室内热舒适、控制眩光和提升采光、照明均匀性、电磁屏蔽等功能性建筑材料或技术手段，明显改善室内环境质量。评价分值：1分。

9.在装饰装修设计中，采用合理的预评估方法，对室内空气质量进行源头控制或采取其他保障措施。评价分值：1分。

10.混凝土结构采用高强钢筋作为受力钢筋的比例不小于85%。评价分值：1分。

11.采用其他能源资源节约和环境保护的技术、产品和管理方式。评价分值：1分。

12.对建筑单体施工工艺进行改进，大幅度降低能耗，节约成本并缩短施工工期。评价分值：1分。

后 记

从可持续发展的角度看，内蒙古地区的建筑形成是与自然生态环境互生的一种建筑形态，具有朴素的生态观。研究地域传统建筑的现代意义在于对地域文化的保护和对传统建筑技术的发扬，而不是以简单的形式模仿来保护和培育地域建筑文化特色。将传统的建筑营造智慧应用于现代建筑设计中，实现现代绿色建筑的地域化和本土化。

本书从绿色技术的角度分析了内蒙古地区建筑的地域性，针对内蒙古地区建筑与气候、地域的关联关系以及它们的气候调节技术特征，分别进行了历史背景、社会文化与自然条件的分析，着重研究了其分布与类型、构造与体系。系统分析和总结其中的绿色建筑经验，从绿色和技术的角度重新诠释传统建筑的空间形态和构筑形态，发掘与提炼地区建筑的技术模式与建筑语汇，从而有助于对传统建筑技术的继承和借鉴，丰富地域建筑的创作源泉。

从绿色建筑基本概念出发，总结了国内外绿色建筑以及绿色公共建筑的概念和基本理论。从《绿色建筑评价标准》出发，分别论述了适于内蒙古地区的指标体系的调整建议，为每一项不适于内蒙古地区建筑发展的评价项都给出了调整建议，旨在通过详细的对设计阶段的评价项的分析，尝试得出适于内蒙古地区自然气候、人文历史等因素的评价体系，并对内蒙古地区建筑的设计提供一些依据。从节地与室外环境、节能与能源利用、节水与水资源利用、节材与材料资源利用、室内环境质量以及文化传承六个方面对内蒙古地区建成的公共建筑实例进行分析，从而得出适于内蒙古地区绿色建筑的设计策略及方法。对适于内蒙古地区的绿色建筑评价与等级划分进行分析，尝试性地提出“内蒙古地区绿色建筑评价标准”公共建筑部分的指标体系，并且把指标进行具体量化，对内蒙古地区五个典型的科教文卫类的公共建筑进行指标评价，分析出内蒙古地区公共建筑设计的优劣，从而更好地指导内蒙古地区公共建筑的设计。

本书立足于对内蒙古地区建筑中绿色建筑形态深层理念的追溯，通过对其自然生态观的认识与理解，分析了地区不同建筑类型产生和传承的技术特征；从绿色建筑评价标准出发，分析与归纳了建筑对气候与地形地貌的适应性、其建筑材料和构造的良好环境性能以及其健康、舒适的室内环境特性，亦即尽可能做到节地、节水、节能，对资源进行充分利用。

研究的局限性与展望：①由于专业与时间的限制，本书仅对绿色公共建筑的设计以及被动式节能措施方面进行了深入研究，但对于非本专业内容包括设备、运行后的能耗等并没有进行深入研究与客观评价，以待在今后的研究中加以完善；②由于内蒙古地区的绿色建筑实例较少，且没有被评为星级的绿色建筑实例，因此未能对其进行全面的对比评价，佐证新体系的合理性。

对于传统营建智慧和当代绿色建筑的存在与发展，我们必须明晰：建筑首先是建筑，它不仅是功能、性能等硬性指标的集合，更是视觉、心理、象征等多方面诉求的复杂系统。我们所关注的“绿色”“生态”“可持续”仅仅是诸多诉求中的一个，只是在地域文化缺失、环境日益恶化的今天，这一诉求理应被特别强调与重视。我们需要做的就是在影响建筑的多种因素中找到一个平衡，创造适宜建筑。但我们应始终追寻一个终极梦想——聚拢一个圈子，形成一种信仰，分享一种生活；让建筑成为自然的一部分，和谐共生。